한국
근대수학의
개척자들

우리 근대 수학의 뿌리를 찾아서

한국 근대수학의 개척자들

~

이상구 지음

assisted by 이재화

사람의무늬

차례

서문

인간이 자연을 이해하고 환경을 극복하기 위해서는 자연과학의 이해와 발전이 필수적이며, 이는 필연적으로 수학의 발달을 요구한다. 그래서 오래전부터 세계의 모든 지역에서 꾸준히 자연과학이 발달하였고, 수학도 함께 발전해 왔다. 우리나라 수학(산학, 算學) 또한 역사 속에서 선조들의 삶과 함께 해왔으며, 동아시아 수학 발전에 의미 있는 기여를 하였다.

　우리나라에는 통일 신라 시대부터 조선 시대 말까지 줄곧 이어진 산학, 즉 수학의 전통이 있다. 고대에 우리나라는 중국 수학을 들여와 사용했지만, 중국에서 수학이 쇠퇴기에 접어든 조선 세종 때에 이르러서는 우리 고유의 산학이 번성했다. 임진왜란을 거치며, 그 이전의 조선 산학책들은 모두 사라졌지만, 이후에 중인(中人) 산학자들이 의욕적으로 편찬한 조선 산학책들은 많이 남아 있다. 이 시기의 중인 산학자는 사대부 산학자와 공동 연구도 하고, 유럽 수학에 접근을 시도하는 등 우리 수학의 독자적인 발전 계기를 마련하였다. 바로 이 시기에 등장한 조선의 주요 산학서들이 1985년 한국과학사학회에서 우리나라의 과학기술관련 문헌을 수집하여 발간한 『한국과학기술사 자료대계』 〈수학편〉을 통하여 소개되었다. 물론, 이 책 이외의 조선 산학서도 있으며 앞으로 새로운 산학서도 계속해서 발견될 것이다.

우리나라 수학은 중국 수학을 널리 받아들였으나, 민족의 주체적인 관점에서 재해석하고, 재생산하여 민중의 실생활 속에서 사용되어 왔다. 또한 수학의 흐름도 중국과는 다른 방향으로 발전되어 형식은 비슷하되 내용면에서 차이가 있었다. 또한 중국에서는 사장되어버린 수학을 우리나라에서 발전시킨 부분도 있으며, 후에 중국에서 우리나라 수학을 받아들인 부분도 있다. 그래서 중국과 일본의 수학사학자들은 "조선 산학이 없었다면 중국 수학의 부활도, 일본 수학의 창조도 없었을 것이다"라고 말한다(김용운, 김용국, 2009 『한국 수학사』, 살림Math). 중국 수학의 맥을 잘 이어간 것도 한국이고, 일본에 산서를 전해준 것도 우리나라이기 때문이다. 따라서 한국은 동아시아 수학의 정통성을 지켰다는 의미를 가진다. 동아시아의 수학은 중국, 한국과 일본의 지역적인 특징과 시대적인 문화 교류 등으로 상호 교류하면서 발전하였다.

대개 서양에서 쓴 수학사 책을 보면 고대 4대 문명 발상지의 수학을 간략하게 기술하다가, 그리스의 수학을 집중적으로 다루고, 중세를 거쳐 르네상스에 들어서면서부터는 완전히 유럽 중심으로 수학사를 다룬다. 이처럼 세계수학사가 서양 수학 중심으로 쓰인 이유는 다음과 같다.

"동양 수학이 오랜 전통을 가지고 있는 것은 인정하지만 현재 우리가 쓰고 있는 수학은 그리스 수학에 뿌리를 두었고, 유럽을 중심으로 발전해 왔으며, 우리가 쓰는 수학의 발전에 동양의 수학은 크게 영향을 미치지 못했으므로, 현재 수학의 역사를 중심으로 세계수학사를 쓴 것이다."[1]

우리가 현재 배우고 있는 수학은 대부분 17, 18세기경 유럽에서 다듬어진 것으로, 대학 수학 교과서는 물론이고, 초·중등학교 수학 교과서에서도 동아시아 수학의 흔적은 거의 찾아볼 수 없다. 수식화를 위한 문자는 알파벳이고, 중요한 수학 결과는 모두 서양 수학자의 업적이다. 그러나 수학은 오랜 세월 동안 수많은 사람들의 노력으로 발전된 학문이며, 서양만이 아니라 동아시아에도 분명히 수학이 있었고, 빛나는 역사가 있다. 사실, 근세까지도 서양보다 동아시아의 수학이 훨씬 앞서 있었다.

파국이론(Catastrophe theory)의 대가 지만(Erik C. Zeeman, 1925~) 교수는 "동아시아의 구고현(勾股弦) 정리 증명은 피타고라스 정리에 대한 세계에서 가장 아름다운 증명"이라고 극찬하기도 했다. 가우스(C. F. Gauss, 1777~1855)가 태어나기 1,500년 전부터 동아시아에서는 '가우스 소거법'과 같은 방법으로 선형연립방정식을 풀었다. 서양 수학처럼 문자와 기호를 사용하지 않았지만, 다항식과 다항 방정식을 나타내고 조작하는 훌륭한 방법(천원술[天元術])도 13세기에 완성됐다. 동아시아의 수학자들은 파스칼(B. Pascal, 1623~1662)이 태어나기 400년 전에 이미 파스칼의 삼각형을 알고 있었고, 이를 이용해서 유럽의 루피니(Paolo Ruffini, 1765~1822)[2]와 호너(William G. Horner, 1786~1837)보다 최소한 500년 앞서 다항방정식의 근사해를 구하는 방법(증승개방법[增乘開方法])을 고안했다. 그러나 이런 엄청난 기여에도 불구하고, 대부분의 수학사 책에서 동양 수학, 특히 한국의 수학에 대하여 언급한 내용을 찾아보기란 쉽지 않다.

한국의 전통 수학에 대하여는 기존의 한국수학사 책들이 다루고 있으므로, 우리는 이 책에서 한국 수학사 중 현재 우리가 배우고, 사용하고, 연구하는 수학의 역사에 집중하려고 한다. 즉, 현재 우리가 다루는 근대 수학이 어떤 시기에, 어떤 과정을 거쳐, 누구에 의하여 도입되어 현재의 모습으로 발전하였는지 알아보려 한다. 16세기 말 임진왜란 중에 수많은 조선의 보물(산학책, 인쇄술, 도자기 기술 등)들을 강탈해가서 문화 발전을 시작한 일본이 19세기 말부터 20세기 초까지 조선을 식민지화한 후 35년 동안 조선왕조의 오랜 수학적 자료와 유산을 관리하였다. 사료보관에 심혈을 기울인 조선에서 임진왜란 이전에 발간된 우리 산학책이 모두 사라진 것은 한국 수학사의 미스터리이다.

이 책을 통하여 '개화기 전통산학에서 근대 수학으로 중심이 변해가는 시기에 그 변화의 중심에서 누가 어떤 업적을 이루면서 중요한 역할을 하였을까?', '식민지가 된 후 한국 수학의 근대화 과정에서 식민지 교육정책은 어떤 역할을 하였을까?' 같은 질문에 대한 답을 찾으려 한다. 즉, 한국 근대 수학사와 한국 근대 수학의 개척자에 대하여 생각해 보면서 남북의 수학을 포함하여 한국 수학의 21세기를 생각해 볼 것이다.

감사의 글

10여 년에 걸친 자료수집 과정과 내용 검증, 그리고 논문을 공저하시고 또 심사를 받는 과정에서 도움을 주신 이재화, 이명학, 홍성사, 오채환, 홍영희, 김도한, 김용운, 박한식, 강석진, 서동엽, 김성숙, 김영욱, 주진구, 이강섭, 신준국, 이상욱, 박세희, 박형주, 황석근, 이승훈, 함윤미, 천기상, 김호순, 김창일, 임경석, 윤혜순, 문향미, 오쿠보 교수와 성균관대학교 학생들 및 동아시아학술원과 제12차 국제수학교육대회 조직위원들, 2014년 국제수학자대회 조직위원들에게 감사드린다.

이 책은 2011년도 정부(교육과학기술부)의 재원으로 한국연구재단의 지원을 받아 수행된 기초연구사업(No. 2011-0006953)의 산물 중 일부임.

1장

동양 수학과 서양 수학의 만남

오래전부터 각각의 민족은 나름대로 물건 세는 법을 창안해 사용하였으므로 덧셈과 뺄셈에 큰 불편은 없었다. 그러나 곱셈과 나눗셈은 쉽지 않아서 동아시아의 경우 '아바쿠스(abacus, 산반)'라는 도구(일종의 계산기)를 이용했다. 2세기 한(漢)나라 사람 서악(徐岳)이 쓴 『수술기유(數術記遺)』에 의하면, 아바쿠스는 고대 그리스와 로마에서 그 틀이 잡혔다고 한다. 그 후 이것이 계산에 도움이 되는 도구로 널리 알려지면서 실크로드를 따라 중국에 전파되어 동양의 '주판'으로 발전하였다. 이와 반대로

로마의 아바쿠스

동아시아의 주판

동아시아의 4대 발명품: 왼쪽 상단부터 종이를 발명한 채륜, 금속활자,
나침반, 창에 화약통을 매단 무기인 '비화창'

6세기경에는 인도의 0을 사용해 자릿수를 활용한 '위치잡기 기수법'(이
것은 구조적으로는 아바쿠스와 같다)과 필산법(筆算法)이 동양에서부터 실크
로드를 통해서 아라비아를 거쳐 다양한 경로로 서양에 전해졌다. 즉, 이
집트나 바빌로니아의 수학과 함께 인도와 동아시아의 수학도 아라비아
국가를 통하여 이탈리아를 거쳐 유럽으로 전해지면서 서양 근대 수학
이 발전하는 발판을 제공한다.

　동아시아 과학의 전반적인 수준은 기원전 2세기부터 16세기까지는
결코 유럽에 뒤지지 않았다고 평가할 수 있다. 동아시아의 과학은 유럽
과학 발전에도 큰 영향을 끼쳤다. 이 근거로 동아시아의 4대 발명품인
종이, 화약, 인쇄술(목판인쇄, 활자, 금속활자), 나침반[1]은 물론, 자기학과
연금술, 관찰 천문학, 무한한 우주를 가정하는 우주론, 정확한 시간 측
정을 위한 측정 장치의 발전을 들 수 있다. 특히 중국, 한국, 일본은 잦
은 교류를 통하여 동아시아 문화를 공유하면서 동아시아 과학을 꽃피

었다. 이러한 동아시아의 과학이 유럽 과학에 뒤처지기 시작한 시점은 1450년경이며, 이는 유럽의 르네상스기에 해당한다.

17세기 초부터는 예수회 선교사 마테오 리치(Matteo Ricci, 利瑪竇, 1552~1610) 등이 천주교 선교의 한 방법으로 수학, 천문학, 물리학 등 유럽의 최신 과학지식을 직접 중국에 소개하는 등 중국과 유럽 사이에는 빈번한 과학적 학술 교류가 있었다. 이를 통하여 중국은 당시 서양의 수학 및 과학의 내용과 수준을 나름대로 이해하여 왔다. 따라서 청(淸)나라가 들어선 1644년까지도 수학, 물리학, 천문학 수준에서 동아시아와 서양 사이에 넘어설 수 없는 큰 차이는 없었다.

우선 서양 근대 수학의 발전 과정에 대하여 살펴보자. 중세에 이르러 서양 수학은 맥이 끊기고 퇴보한 반면, 아라비아 수학은 9세기에 전성기를 이룬다. 당시 아라비아 수학은 고대 그리스의 유산을 활용하면서도 바빌로니아와 인도, 동아시아의 지식을 흡수하였다. 즉 고대 문명에서 발전한 수학은 이집트와 바빌로니아의 수학을 통하여 방법과 주제를 크게 확장하고, 아라비아 수학에서 더욱 발전한 것이다. 지중해를 장악한 아라비아인의 생활은 유목생활에서 도시에 머물러 사는 정착생활로 변해갔고, 동아시아, 인도, 그리스, 유럽 문화가 모두 이 지역에 모이게 되었다. 칼리프(무함마드 사후 이슬람 제국의 최고 지도자)들은 학문의 후원자가 되어 뛰어난 학자들을 궁정으로 초대했고, 천문학, 의학, 수학 등에 관한 인도와 중국, 그리스의 많은 저작물들을 부지런히 아랍어로 번역하였다. 덕분에 후에 유럽 학자들이 다시 그 책들을 라틴어 및 그 밖의 다른 언어로 번역할 수 있었다.

자료 중에는 1세기와 7세기경 아테네와 알렉산드리아의 학자들이 근동지방으로 가져왔던 그리스 문서들이 상당 부분 포함되어 있었다. 그리고 유클리드, 아폴로니오스, 디오판토스와 같은 그리스 주요 수학자

인도의 '0'이 아랍을 거쳐 유럽의 아라비아 숫자로 발달함

들의 업적들은 9세기 말경 아랍어로 번역되어 연구에 사용되었다. '지혜의 집(Bayt al-Hikma)'이라 불리는 연구소에는 아라비아 반도 곳곳에서 학자들이 모여들었는데, 이들은 바그다드에 수집된 자료의 번역뿐만 아니라 독창적인 연구도 병행했다.

수학자이자 천문학자인 알콰리즈미(al-Khwarizmi, 780~850)는 '지혜의 집'에서 공부한 초기 학자들 중 한 명이었다. 825년경 그는 문서로 된 최초의 기초 대수학책인 『이항과 약분(Hisab al-jabr wa'l-muqabala)』을 저술하였다. 대수학을 뜻하는 영어인 'algebra'는 바로 복원을 뜻하는 'al-jabr'에서 유래된 것이다. 알콰리즈미는 이 책에서 방정식의 체계적인 풀이방법과 0에 대한 새로운 개념을 소개하였다. 그의 책들은 유럽에 대수학적 지식을 전수하는 데 크게 기여했기 때문에 가장 먼저 라틴어로 번역되었다.

6세기부터 8세기 유럽은 암흑시대에 접어들었고 연이은 전란으로 전반적인 문화 침체기가 이어졌는데, 이 암울한 시기에 그리스 수학의 주요 부분은 아라비아로 전해져 인류가 유클리드 기하학과 같은 세계 유산을 보존할 수 있는 밑거름이 되었다. 이슬람 문화는 이 다양한 문화와 전통을 종합하고 나름대로 소화하여 풍요한 결실을 이루어냈다. 이들은 유럽이 중세의 잔재에 머물러 있는 동안, 인도를 거쳐 중국까지 연결되는 무역로 덕분에 풍부한 물자와 동양의 문화와 학문을 공급받으면서 수준 높은 문화를 아라바이아에 활짝 피웠다. 특히 이슬람 제국은 미술과 건축은 물론, 의학, 천문학, 항해술, 수학에서 당대 최고 수준을 자랑했다.

아라비아인이 다양한 문화를 받아들여 동화, 흡수하면서 동양과 서양의 문화가 아라비아에 모였고, 이것들이 하나로 묶이고 다듬어져 문명 전체의 수준은 한 단계 더 높아졌다. 한 예로 유클리드의 『원론(Elements)』으로 대표되는 논증기하는 그리스가 멸망하고 이를 계승한 민족이 없어지면서 거의 600년간 학문 세계에서 그 모습을 찾아볼 수 없었다. 그런데 아라비아 수학자들은 서구에 퍼져 있던 모든 기하 자료를 수집해 『원론』을 정확히 복원하는 데 성공했을 뿐만 아니라, 15세기의 아라비아 수학자 2명은 '입체기하에 관한 14권과 15권'을 추가했다. 이는 대단히 놀라운 공적으로, 만약 아라비아인이 존재하지 않았다면 유클리드의 『원론』은 영원히 사라졌을지도 모를 일이다.[2]

아라비아 사람들과 이슬람교도들은 서기 661년부터 100년에 걸쳐 동쪽으로는 인도의 인더스 강, 서쪽으로는 스페인 피레네 산맥까지 동서양에 걸친 광대한 영토를 점령했다. 이를 보통 이슬람 제국 또는 사라센 제국(Saracens)이라고 한다. 당시 이슬람 제국은 바그다드(Baghdad)와 코르도바(Cordoba)를 각각 수도로 하는 두 개의 왕국을 중심으로 지중해 무역을 장악하고, 동서무역을 독점하는 세계 상업의 중추이자 학문과 예술의 중심지로 번영했다. 당시 아라비아의 수학자들은 인도의 대수학과 그리스의 기하학을 동시에 연구했는데, 이런 과정을 거쳐 동서양의 수학을 모두 아우르게 되었다. 11세기에 이르러서야 번역서를 통해 아라비아 수학이 서양에 전해진다. 특히 이탈리아의 수학자 피보나치(Leonardo Fibonacci, 1170?~1250?)는 로마 숫자를 대신하여 아라비아 숫자까지 서양에 소개한다.

그러나 유럽은 5세기에서 13세기에 이르는 긴 세월 동안 중세 암흑기 속에서 기독교에 의한 정신적인 속박을 받으면서 수학적인 변화의 의미를 깨우치지 못한다. 13세기 십자군 시대에 들어서면서 비로소 유럽인들은 변화에 눈을 뜨게 된다. 당시 이탈리아의 3대 항구도시는 십자군 수송에 활용되면서 상업이 크게 번성했는데, 이들에게 있어서 지중해는 긴 세월 동안 앞마당과 같았으며, 십자군 시대에는 동방 물자를 수입하여 막대한 이익을 얻은 통로이기도 하였다.

그런데 오스만 제국이 세워진 후 지중해를 장악당하여 통상에 세금이 부과되었다. 지중해의 유럽인들은 그에 따라 지중해가 아닌, 인도에 이르는 새로운 무역 항로를 찾기 위해 항로 개척에 나서게 되었는데, 이것이 300년에 걸친 유명한 '대항해 시대'의 개막이었다. 가장 선봉에 선 것은 당연히 이탈리아 상인들이었고, 그중 대표적인 인물이 제노바의 콜럼버스(Christopher Columbus, 1451~1506)였다. 십자군 원정 및 대항해 시대를 통하여 동양의 문화, 문명과 물자가 유럽에 수입되면서 서양은 동양의 과학문명이 서양보다 앞서 있다는 것을 알게 되었다. 유럽인들이 이런 변화를 적극적으로 반영한 시대가 바로 15세기 르네상스 종교개혁 시대라고 할 수 있다. 당시 유럽의 계산법은 아바쿠스를 이용한 불편한 방법이었는데, 피보나치는 아라비아의 명저 『이항과 약분』을 모델로 자신의 필산법을 『계산판에 대한 책(Liber Abaci, 산반서)』에서 소개했다. 이것은 인도, 아라비아식의 필산법으로 능률적이면서 정확한 계산을 할 수 있기 때문에 빠르게 상인들에게 전파됐다.

그러나 십자군 원정을 시작으로 이탈리아를 거쳐 동양의 앞선 과학

기술을 접한 유럽의 수학자들도 16세기까지는 이러한 변화의 진정한 수학적 의미를 실감하지는 못했다. 이런 과정을 거쳐서 간신히 16세기 해석기하학을 중심으로 서양 수학은 점차 발전하였다. 서양 근대 수학의 발전은 18세기와 19세기에 이르러서는 역으로 동아시아의 수학 발전에 엄청난 영향을 미치게 되었다.

2장

동아시아 수학의 근대화

1. 한국

　서양 수학이 처음 우리나라에 들어오기 시작한 것은 17세기 중엽 중국에서 시헌력(時憲曆)이 들어오면서 서양 천문학과 수학이 소개된 것이다. 중국인 서광계(徐光啓, 1562~1633)는 중국 명(明)나라 후기의 정치가이자 학자로 유클리드의 기하학을 마테오 리치와 함께 번역하여 『기하원본(幾何原本, 1607)』 전(前) 6권을 간행하였다. 이를 포함하여 서양 사람들에 의해 중국에 전해진 서양의 저서들을 한데 묶어 『천학초함(天學初函)(20종)』이 간행되었다. 유클리드의 『기하원본』과 『동문산지(同文算指, 1613)』 등을 수록한 이 총서는 명나라 말부터 청나라에 걸쳐 널리 보급되었으며, 이 무렵 우리나라에도 『천학초함』이 반입되어 실학자들이 서양 수학에 대하여 알게 되었다. 마테오 리치와 이지조(李之藻, 1565~1630)의 『동문산지』를 연구하여 인용한 최석정(崔錫鼎, 1646-1715)

마테오 리치와 서광계

의 『구수략(九數略)』은 현재 남아 있는, 서양 수학을 포함한 조선 산서 중 가장 오래된 책 중 하나이다.

조선에 유입된 서양 수학을 얘기하려면 1722년 청나라 제4대 황 제 강희제(康熙帝)의 명으로 매각성(梅瑴成, 1687~1763), 하국종(何國琮, ?~1767) 등이 편찬한 총 53권의 수학책 『수리정온(數理精蘊)』을 빼놓을 수 없다.[2] 이 책은 서양 과학의 '중국원류설'을 사상적 기반으로 하여 중 국 산학과 서양 수학 사이의 회통(會通)을 표방하였다. 강희제는 역법· 음율·수학의 세 분야에 걸친 총서를 기획하여 『율력연원(律曆淵源)』을 편찬하였는데, 그중 수학에 관계된 부분을 모두 수록한 것이 바로 『수리 정온』이다. 이 책은 전통적인 중국 수학과 유럽 수학을 포함한 형식으로 이루어져 있었다. 즉, 평면도형의 면적과 입체도형의 부피를 구하는 공 식을 포함하며, 유럽의 대수학, 삼각법 등에 관한 내용이 모두 실려 있 다. 예를 들어 『산학계몽』의 「천원술」과 『수리정온』의 「차근방(借根方: 유럽의 방정식)」은 명칭은 다르지만, 내용은 같은 것을 확인할 수 있다.

중국에 서양 과학이 본격적으로 수용된 시기는 마테오 리치가 중국 에 첫발을 디딘 명나라 말기(1583년)이다. 이를 필두로 하여 예수회 선교사들이 천주교 선교를 목적으로 중국에 오게 되는데, 선교사들이 가져온 새로운 서양의 과학 지식은 명나라 학자들의 구미를 당기기에 충분했고, 선교사들은 이를 중국 선교에 크게 활용하였다. 그러나 조선이 서양 문물을 수입하는 방식은 서양인의 직접 방문보다는 서양의 책을 통한 것이었다.

서양의 책은 주로 중국을 방문한 사신이나 볼모로 끌려간 자손들이 가져왔다. 특히 인조의 장남 소현세자(昭顯世子, 1612-1645)는 병자호란으로 그의 나이 26세 때 청나라 수도였던 심양(瀋陽)에 볼모로 잡혀가게 되었다. 소현세자는 8년간의 억류생활을 마치고 조선으로 돌아올 때 서양 수학책을 가지고 돌아왔다. 소현세자가 심양에서 보낸 기록을 담은 책인 『심양일기(瀋陽日記)』에는 아담 샬(湯若望, 1592~1666)과의 회견이 잘 나와 있다. 아담 샬은 소현세자에게 천주교와 서양의 수학 및 과학지식을 알려주었고, 책은 물론 지구의도 선물해 주었다. 소현세자는 새로운 지식과 문물을 접하게 된 것이 무척 기뻐 열심히 공부했다. 바로 이 기록이 조선이 서양 수학을 접한 것에 대해 현존하는 가장 오랜 기록으로 여겨진다. 홍대용의 『을병연행록(乙丙燕行錄)』도 이런 묘사가 담긴 글 가운데 하나다. 중국을 여행한 사신들이 여러 책을 가져옴으로써 서양의 학문, 특히 수학과 과학 기술이 조선에 전해졌던 것이다.

하지만 소현세자는 힘들었던 8년간의 볼모생활에서 얻은 병으로, 고국에 돌아온 지 두 달 만에 세상을 떠나고 말았다. 이로써 조선은 서양 과학 및 문물을 수용해 비약적인 발전을 꾀할 수 있는 결정적인 기회를 놓치고 말았다. 소현세자와 아담 샬이 친분관계를 맺은 것은 대략 17세기 중반으로, 조선이 쇄국정책으로 버티다 강제로 문호를 개방한 것은 그보다 훨씬 뒤인 19세기 후반이다. 만약 왕위 계승 1순위였던 소현세자가 정치적, 이념적 갈등 없이 왕위에 올랐다면 조선이 바깥세상을 향한 문을

홍대용의 『주해수용』, 1731년

적어도 2세기 앞서서 스스로 열 수 있지 않았을까? 당시 조선이 발달한 서양 학문을 활용해 상대적으로 빨리 근대화의 길로 들어섰다면, 그로부터 약 250년 뒤에 일본의 식민 지배를 피할 수 있었을지도 모른다.

18세기 후반 조선에서 『기하원본』과 『수리정온』으로 대변되는 서양 수학책들은 '리수(理數)를 크게 밝힌 책', '고산가(古算家)의 제일대전서(第一大全書)'로 높이 평가되어 천문역산의 실무를 담당하는 관상감(觀象監) 관원들이 반드시 익혀야 할 책이 되었다. 삼각법을 연구한 홍대용(洪大容, 1731~1783)의 『주해수용(籌解需用)』, 홍길주(洪吉周, 1786~1841)의 『기하신설(幾何新說)』, 차근방법을 연구하여 저술한 남병길(南秉吉, 1820~1869)의 『집고연단(緝古演段)』, 『무이해(無異解, 1855)』와 이상혁(李尙爀, 1810~?)의 『차근방몽구(借根方蒙求, 1854)』, 기하와 삼각법에 관한 『산술관견(算術管見, 1855)』이 있다. 조희순(趙羲純, ?~?)은 『산학습유(算學拾遺, 1869)』에서 『수리정온』의 구고술을 확장했다. 천문학과 관계되는 구면삼각법도 위에서 언급된 저자들에 의하여 연구되었다.

남병길은 조희순과 같은 학자가 계속 이어서 나오면 중국에 부끄러울 것이 없을 것이라 하였다. 『산학습유』 이후에 조선 산학은 더 이상 발전하지 못하고, 19세기 남병철, 남병길 형제와 이상혁, 조희순의 업적은 잊혀지게 되었다. 그들의 업적과 연구 방법으로 보아 충분히 한국 수학의 발전에 기여할 수 있는 출발점까지 왔지만, 불행하게도 이는 계승되지 못하였다.

현재까지 발견된 책 중 마지막으로 발간된 조선 산서는 1882년 안종화(安鍾和, 1860~1924)가 쓴 『수학절요(數學節要)』이다. 우선, 조선 산학책들을 읽기 위해서는 아래 용어들의 의미를 정리할 필요가 있다.[3]

조선 산학 용어 설명

구고술(句股術)	피타고라스 정리, 직각삼각형과 관련된 문제의 해법
천원술(天元術)	부정원을 천원(天元)으로 하여 계수만을 산대를 이용하여 나타냄으로써 유리식을 표현하고 연산을 행하는 방법
차근방(借根方)	근(根)으로 불리는 부정원을 이용한 다항식의 표현 및 연산 방법
사원술(四元術)	네 개의 부정원을 갖는 다항식을 표현하고 연산하는 방법
영부족(盈不足)	영뉵(盈朒), 계수의 값을 모르는 일차방정식의 풀이법
증승개방법(增乘開方法)	조립제법을 이용하여 다항방정식의 근사해를 구하는 방법
개방술(開方術)	2차 이상의 방정식의 해법
방정술(方程術)	일차연립방정식의 행렬 표현 및 행렬의 열연산 방법
정부술(正負術)	음수가 포함된 연산의 계산법
퇴타술(堆垜術)	유한급수 이론
분적법(分積法)	유한급수의 합을 분할을 통해 계산하는 퇴타술의 방법
대연총수술(大衍總數術)	법(mod)들이 서로소가 아닌 경우를 포함한 연립합동식의 해법
쇠분(衰分)	계급에 따른 비례배분

중국과 마찬가지로 서양의 부상을 두려운 눈으로 바라보면서 소극적으로 대응하던 조선은 적극적으로 서양 무기를 받아들인 일본에게 임진왜란을 통하여 크게 상처를 받았다. 그 후 군사 무기를 비롯한 서양의 선진 과학기술을 도입하려고 노력했지만, 군사보안으로 분류되는 서양의 신기술을 도입하는 데 많은 어려움을 겪었다. 그 과정에서 서양의 새로운 과학기술을 이해하기 위해서는 근대 과학을 공부해야 하고, 근대 과학을 배우기 위해서는 근대 수학을 알아야 한다는 것을 서서히 인식하게 된다.

서양 수학과 동양 수학을 동시에 포함하는 책『수리정온』이 18세기에 조선에 소개되면서 조선의 많은 수학책들이 이 책의 영향을 받았다. 조선의 전통산학과 근대 서양 수학을 연결하는 다리 역할을 하는 이상설의『수리(數理)』는 1886년에서 1899년 사이에 쓰여진 것으로 추정되는데, 이 책도『수리정온』을 통하여 중국과 서양의 산학을 학습하는 것에서 시작한다. 그러나 소수의 전문가만이 전통산학을 다루던 시대에서 서양과 같이 모든 대중이 근대 수학을 학습하고 이용하며 발전에 기여하는 시대로 변하는 과정은 100년 이상의 시간과 패러다임의 변화를 요구했다. 이를 위해서는 개방과 국제화가 필수적이었다.[4]

1863년 고종이 즉위하면서 권력을 잡은 흥선대원군은 10년간 그간의 소극적인 개방에서 더 나아가 적극적으로 외국과의 통상수교 거부정책을 시행하였다. 서양에 문호를 개방한 청나라는 1차 아편전쟁(1839~1842), 2차 아편전쟁(1856~1860) 등을 통하여 서양에게 유린당했다. 흥선대원군의 쇄국정책은 외세의 침략을 저지하는 데는 성공했으나, 조선의 문호 개방을 늦추는 결과를 가져왔다.[5] 1873년, 흥선대원군이 물러나고 고종이 직접 나라의 정사를 돌보면서 개항을 주장하는 개화파들의 세력이 커졌다. 이에 힘입어 정부에서는 개화정책을 추진하는 전담기구인 '통리기무아문(統理機務衙
門)'을 설치하였으며 일본과 청나라, 미국
에 사절단을 보내 서양식 신식 문물과 기
술을 배우게 하였다. 또 국민들이 쉽게 근
대 수학을 접할 수 있도록 제대로 된 우리
말 수학 교과서의 필요성이 점점 대두되
었다.

수리정온 (중국화된 서양 수학)

1883년 8월 조선 최초의 관립 영어 교육기관인 동문학(同文學[통변학교, 通辯學校])이 세워지고, 영국인 핼리팩스(T. E. Hallifax, 奚來百士, 1842~1908)가 그해 11월에 부임하여 영어, 일어, 필산을 가르쳤다. 이곳은 해관(海關[세관, 稅關]) 업무를 위한 학교였으므로 간단한 계산법을 가르쳤을 것으로 추정된다. 정부는 1886년 동문학을 폐교하고, 이어서 미국 정부에 교사 파견을 요청하여 관립 고급 교육기관인 육영공원(育英公院, Royal English School, Royal College)을 설립하였다. 이때 '호머 헐버트(H. B. Hulbert, 1863~1949)'는 육영공원의 학제를 서구식으로 정하고, 1891년까지 선발된 우수한 학생들을 대상으로 영어, 역사, 과학, 지리, 수학 등을 가르쳤다. 또한 중국과 마찬가지로 기독교 선교사들이 교육선교를 위하여 배재학당(1885), 이화여학교(1886), 경신학교(1886), 정신여학교(1890), 숭실학교(1897), 배화여학교(1898) 등을 세워 신학문을 가르쳤다.

1895년 고종은 「교육입국의 조서(詔書)」를 공포하고, 이어서 성균관 관제, 한성사범학교 관제, 외국어학교 관제, 소학교령(소학교는 현재의 초등학교이다) 등을 공포하였다. 교사를 양성하기 위하여 설립된 한성사범학교를 시작으로 1895년부터 설립되기 시작한 사범학교와 중학교(1899년 설립)의 경우 산술 이외에 대수·기하를 가르쳤다. 1895년 학부는 저자도 없이 급히 일본책을 번역하여 사칙계산을 학습하는 『간이사칙문

간이사칙

제집』과 교과서 형식의 『근이산술서(近易算術書)』를 발간하여 수업에 활용하였다.

1895년 성균관도 교과과정과 직제를 개편하며 고등교육기관 역할을 맡는 근대적 대학으로 정비되었다. 이 과정에서 성균관장으로 임명된 이상설(李相卨, 1870~1917)은 1896년 국립 성균관의 교과과정에 국내에서는 최초로 중등과정의 서양 수학을 필수과목으로 지정하였다. 이어서 학부 편집국장 이규환의 부탁으로 일본의 수학 교과서를 편역하여 우리말 수학책 『산술신서(算術新書)』를 발간한 것은 주목할 만하다. 정부가 편찬한 이 책은 저자가 기록된 대한제국 최초의 근대 수학 교과서가 되었다. 1900년 이상설의 『산술신서』가 발간된 이후 우리말로 쓰인 많은 수학책들이 1910년 조선이 일본의 식민지가 되기 전까지 출판되고,(부록6 참조) 일반인들을 대상으로 하는 근대 수학교육이 본격적으로 시작되었다.

2. 중국

중국의 수학사 연구는 니덤(Joseph Needham, 1900~1995)[6]의 연구가 가장 큰 영향을 미쳤다. 그의 연구는 서양 수학에 비교되는 중국 수학의 전반적인 특징을 검토함으로써 수학 분야에서 근대 수학 형성에 중국이 기여한 바를 탐구하였다. 중국 수학에서는 무리수, 자와 컴퍼스를 이용한 작도, 각종 기하학적 곡선들, 평행 및 무한의 개념은 크게 중요하게 다루지 않아 기하학적 증명에서는 서양보다 뒤졌으나, 계산의 알고

리즘은 훨씬 더 발달하였으며, 송(宋)나라와 원(元)나라 시대에 이르러서는 고차방정식, 부정방정식 등 고도로 세련된 대수학이 출현하였다.[7]

　서양 수학과 동양 수학의 내용을 비교하면, 카발리에리(F. B. Cavalieri, 1598~1647)의 정리는 조충지(祖沖之, 429~500)-조긍(祖暅, ?~?)의 원리와, 파스칼의 삼각형은 가헌(賈憲, ?~?)의 삼각형과 같은 것이고, 가우스-조르단 소거법은 「방정술」의 다른 말이며, 루피니-호너의 방법은 곧 「증승개방법」이다.

　송, 원대의 산학에 자부심을 가지던 중국도, 대항해 시대를 거친 서양이 식민지 무역을 통하여 부를 축적하고, 근대 수학과 과학기술의 발전을 주도하면서 영향력을 키워 군사적 위협이 되자, 서양의 과학기술과 근대 수학에 점차 관심을 가지게 된다. 16세기 이후 해석기하학을 중심으로 하는 서양 수학의 빠른 발전은 중국에 17세기 초부터 선교사들을 통하여 소개된다. 그러다 18세기에 이르러서야 적극적인 서양 수학의 수용이 이루어진다. 18세기 서양 과학과 서양 수학의 수입은 진(秦)나라와 당(唐)나라 사이에 있었던 '불교 도입'에 이은 외부 세계로부터의 두 번째 문화적 충격이었다.[8]

　1722년 서양 수학과 동양 수학을 함께 포함하는 책 『수리정온』이 발간되면서 그 후 발간되는 대부분의 중국 수학책이 이 책의 영향을 받았다. 명나라 말 마테오 리치와 서광계, 이지조 등이 서양 수학 번역을 시작으로, 여러 예수회 신부들이 방대한 번역을 하여 『역상고성(曆象考成)』, 『율려정의(律呂正義)』, 『수리정온』을 포함하는 『율력연원』으로 집대성되었다. 옹정(擁正) 원년(元年, 1723)에 시행된 금교령 이후 예수회 신부들은 청나라를 떠나야 했고, 아편전쟁 이후에야 영국 선교사들이 다시 청나라에 들어오게 되었다.

　1807년 런던선교회에 소속된 선교사 모리슨(Morrison, 馬禮遜, 1782~

1834)이 처음으로 중국 광저우에 오고, 이어서
1813년 마이린(Miline, 米怜, 1785~1822) 역시 광
저우에 왔다. 한편 1830년 미국 선교사 브릿지
맨(Bridgman, 裨治文 1801~1861), 아빌(Abeel, 雅裨理,
1804~1846) 등도 광저우에 도착하였다. 1842년 난
징조약(南京條約)이 체결된 뒤 런던선교회에 소속
된 메드허스트(Medhurst, 麥都思, 1796~1857)가 1843

알렉산더 와일리

년 상하이에 '묵해서관(墨海書館)'를 설립하여 1849년부터 서양 과학책
번역 사업을 시작하였다.

1844년 중국과 미국 사이의 망하조약(望廈條約), 프랑스와의 황푸조
약(黃埔條約) 등에 의하여 미국과 프랑스는 중국에서 자유롭게 선교활동
을 할 수 있는 특권이 생겼다. 이어서 옹정이 내렸던 금교령이 1846년
폐지되어 선교활동이 활발하게 진행되면서 1830~1848년 사이에 미국
선교사 73명을 포함한 98명의 선교사가 활동하였다. 1874년에는 436
명으로 늘어나고, 또 천주교 선교사도 1870년에는 250명에 이르렀다.
청나라 말 서양 수학책 번역을 시작한 사람은 알렉산더 와일리(Alexander
Wylie, 1815~1887)[9]로, 그는 중등교육을 받은 후 캐비넷 제작자로 일하면
서 스코틀랜드 장로회에 가입하고 중국어를 공부하였다. 마침 상하이
묵해서관을 경영할 사람을 구하고 있었는데, 그가 발탁되어 런던선교회
에 속한 뮤어헤드(Muirhead, 慕維廉, 1822~1900), 사우스웰(Southwell, 紹思韋
爾, 1822~1849)과 함께 1847년부터 일을 시작하였다. 그는 1847~1860년,
1863~1869년, 1870~1877년 등에 걸쳐 중국에서 활동하였다. 그러나
그가 받은 수학교육이나 연구에 대한 자료는 찾을 수 없다.

아편전쟁 후 1842년 개항을 한 중국에서 1847년부터 영국의 선교사
와일리가 서양 수학을 보급하기 시작하였다.[10] 와일리는 아편전쟁 이후

새로운 대수학과 미적분까지 포함한 서양 수학책들의 번역을 1952년부터 중국인 이선란(李善蘭, 1811-1882)과 함께 시작한다. 이어서 마티어 (Mateer, 狄考文, 1836-1908), 프라이어(Fryer, 傳蘭雅, 1839-1929) 등이 여러 종류의 수학책을 번역하였다. 한편 이들 선교사들이 1830년대부터 신교육을 위한 학교를 세우기 시작한 이후 19세기 말에는 학교와 학생 수가 폭발적으로 늘어나게 되어 이들을 교육하기 위한 교과서도 선교사들이 주도적으로 출판하였다.

수학이라는 단어가 현재와 같은 의미로 처음 쓰인 것은 1853년 서양 수학책을 중국어로 번역한 『수학계몽(數學啓蒙)』이다. 이 책은 와일리가 쓴 것으로, 여기서 와일리는 산학(기존의 중국 전통 수학)과 구분되는 의미로 '수학'이라는 용어를 처음 쓰게 되었다. 그리고 와일리에게 수년 동안 수학을 배웠다는 김함복(金咸福)이 이 책의 발문을 썼다. 이 책은 주로 『수리정온』에 기초하여 자연수, 분수, 소수의 사칙연산을 다루고, 비례와 비례배분, 거듭제곱과 거듭제곱근, 로그법(logarithm)을 다루었다. 그는 제등수(諸等數)라는 용어를 사용하였는데, 이는 여러 종류의 단위를 같이 사용하는 것으로 'compound 수'의 번역이다. 이들에 대한 사칙연산과 함께 소수와 순환소수도 취급하였다.

제등수의 문제는 『구장산술(九章算術)』부터 시작되었지만 이들을 체계적으로 다룬 것과 소수 특히 순환소수는 모두 서양 수학에서 중요하게 다룬 분야이다. 『수학계몽』은 『수리정온』의 정의와 문제를 사용하면서도 새로운 서양 문제들도 첨가하였는데, 예를 들어 광속, 음속의 문제 등이 포함되어 있다. 『수학계몽』은 『수리정온』 이후 최초의 서양 수학이 중국에 도입되는 계기가 되었는데, 와일리는 철저하게 중국식으로 이를 전개하여 후술할 번역본들과 함께 아라비아 숫자를 사용하지 않고 한자로 숫자를 나타내었다. 또한 사칙연산 기호도 이 책에는 도입하지 않았다.

1852년 공동 번역을 시작한 이선란과 와일리는, 먼저 마테오 리치와 서광계가 처음 6권만 번역한 유클리드의『원론』의 나머지 9권을 번역하여 1857년에 출판하였다. 따라서『수학계몽』을 저술하면서 이선란의 영향을 받았을 가능성은 충분히 있다. 이어서 두 사람은 미국인 루미스(Elias Loomis, 1811~1889)의 책(Elements of Analytical geometry and of the differential and integral calculus, 1851)의 번역본『대미적습급(代微積拾級, 1859)』, 드모르강(De Morgan, 1806~1871)의 저서(Elements of Algebra, 1835)의 번역본『대수학(代數學, 1859)』등을 출판하는데, 와일리의 구역(口譯), 이선란의 필술(筆述)로 되어 있다.『대미적습급』은 문자를 사용하는 대수학, 직선과 원추곡선론을 포함하는 해석기하학, 함수와 미적분학을 최초로 동양에 소개한 책으로 유명하다.

『대수학』은『대미적습급』의 이해를 위하여 번역한 것으로, 두 책 모두 분수를『수리정온』형태로 나타내어 현재 우리가 사용하고 있는 드모르강의 방법과는 거꾸로 표현했다. 또 문자를 알파벳 대신 한자로 나타내어 우리가 읽기 어렵게 되어 있다. 이는 이선란이 받아쓰는 형태였기 때문에 전통 수학을 연구한 학자들이 이해하기 쉽도록 적은 것으로 보인다. 그러나 甲^n, $\sqrt[n]{甲}$과 같이 지수와 근호를 사용하여 사원술(四元術)을 모른 채 저술된『수리정온』의 차근방 표현에서는 완전히 탈피하였다. 이후로도 계속하여 많은 수학 서적이 번역되는데, 특히 화형방(華蘅芳, 1833~1902)과 마티어, 프라이어 등의 업적이 뛰어나다.[11]

한편 마일린이 1818년 믈라카에 세운 영화서원(英華書院, Anglo-Chinese College)을 1843년 홍콩으로 옮긴 후 서양 선교사들에 의하여 세워진 학교는 급속히 늘어나 1853년에 이르러 78개 학교, 1875년 800개 학교, 1899년에는 2,000개 학교에 이르렀다. 특히 미국 선교사들이 적극적으

로 학교를 세워 1898년 초등학
교 1,032개교(학생 16,310명), 중
등 이상 학교 74개교(학생 3,819명)
에 이르렀다. 이들을 위하여 교과
서가 절대적으로 필요하여 파슨
(Parson, 丁韙良, 1827~1916), 윌리암
슨(Williamson, 韋廉臣, 1829~1890),

(왼쪽)로버트 하트 (오른쪽)에드킨스

마티어, 알렌(Allen, 林樂知, 1836~1907), 프라이어, 레흘러(Lechler, 利啓
勒) 등에 의하여 1877년 익지서회(益智書會, School and Textbook Series
Committee)를 설립하고 13년 동안 98종의 교과서를 출판하였다.

이 시기에 중요한 인물이 로버트 하트(Robert Hart, 赫德, 1835~1911)이
다. 그는 영국의 외교관으로 텐진조약(天津條約) 이후 약 90년 동안 영
국인이 차지해 온 광둥해관(廣東海關)의 제2대 총세무사가 되어 45년간
일했다. 해관은 본래 전문적으로 서양 학문을 전파하는 곳은 아니지만,
하트 본인이 서양 학문을 전파하는 데 흥미가 있어서 중국에 서양 학문
을 소개하는 데 중요한 공헌을 하였다. 1880년 하트는 에드킨스(Joseph
Edkins, 1823~1905)에게 『서학약술(西學略述)』 등 서학계몽총서 16종을 번
역, 편집하도록 하고, 간행하도록 하여 1886년에 출판하였다. 이 도서들
이 포함하고 있는 서학(서양학문)의 내용은 물리, 화학, 천문, 지리, 생물
학 등으로 그동안 선교사들이 소개한 것 외에 대부분 새롭게 그리고 비
교적 체계적으로 중국에 소개한 것이다. 서학계몽총
서는 프라이어가 편역한 계몽도서보다 수준 높은 도
서였다.

이선란

이선란은 19세기 중국 최고의 수학자로 간주되는
인물이다.[12] 독자적인 업적으로는 미적분과 조합항

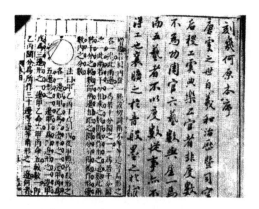

圖二：利瑪竇、徐光啓所合译「幾何原本」
序文，左為「幾何原本」卷四之一頁。

유클리드의『기하원본』

등식 분야의 독창적인 연구를 하였을 뿐만 아니라, 와일리 및 에드킨스와 공동으로 서양의 많은 수학책과 논문을 중국어로 번역함으로써 근대 서양 수학을 중국에 소개하는 데 큰 역할을 하였다. 그 내용은 대수, 기하, 미적분, 확률 등 광범위한 영역에 걸쳐 있었다. 서광계가 마테오 리치의 조력으로 전반을 번역했던 유클리드의『기하원본』(또는『원론』)의 후반을 이선란이 와일리의 도움을 받아 완성하였다. 그는 1852년부터 1866년까지 묵해서관에서 번역을 담당하였고, 1868년부터는 동문관 산학총교습이란 직책을 임종시까지 수행하였다.『담천(談天)』,『대수학』,『대미적습급』,『원추곡선설(圓錐曲線說)』,『나서수리(奈瑞數理)』,『중학(重學)』,『식물학(植物學)』등의 책을 번역하였다. 함수(函數)라는 용어도『대미적습급』에 처음 나오는데, 함수는 그 의미를 어느 정도 생각하면서 영어 'function'을 중국어로 음역한 것으로 알려져 있다. 19세기 초 이선란이 서양 근대 수학을 중국에 소개한 기여는 중국 수학의 근대화에 커다란 영향을 미쳤다.

3. 일본

일본 수학은 백제와 중국의 수학을 배우면서 외국 과학을 표면적으로 수용했을 뿐 16세기까지는 뚜렷한 발전이 없었다. 그러나 에도시대에 이르러 임진왜란 중에 조선에서 가져간 산학책을 공부하면서 독자적인 수학 전통을 정착시키는 급격한 변화가 나타났다. 그 변화의 동력으로 조선의 도움은 절대적이었다. 도요토미 히데요시가 조선을 침략했을 때, 그가 전진기지로 삼았던 나고야성에 있었던 마에다번에 일본 최고(最古)의 주판이 있는데, 제작법을 보면 조선에서 제작되었을 가능성이 크다. 히데요시는 모리 시게요시(毛利重能)를 파견하여 수학을 익히게 하였고, 그가 『산법통종』을 구하여 돌아왔다고 전해진다. 모리 시게요시는 1622년에 일본 최초의 수학책인 『할산서(割算書)』를 저술했으며, 그의 제자인 요시다 미츠요시(吉田光由, 1598-1672)는 1592년 중국의 정대위(程大位, 1533-1606)가 지은 『산법통종』을 바탕으로 1627년 『진겁기(塵劫記)』를 엮어냈다. 이후 이마무라(今村知商)의 책 『수해록(竪亥錄)』이 발간되는데, 이 책에서는 π의 값을 3.162라고 소개한다.[13]

일본이 1662년 임진왜란 당시 조선에서 가져간 수학책을 기초로 하여 현존하는 일본의 가장 오래된 수학책 『할산서』를 출판한 바로 이 시기를 기점으로 일본 수학은 본격적으로 발전하기 시작하였다. 에도시대 초기에는 에도와 오사카 지방을 중심으로 조선과 중국 산학에 대한 연구가 활발히 진행되었다. 중세까지 거의 불모의 상태에 가깝던 일본 수학이 임진왜란 이후에 갑작스럽게 출현한 데에는 몇 가지 중요한 이유가 있다.

존경각, 산법통종(증편)

첫째, 지방 분권적인 영주 중심의 통치체계 아
래서 전술 · 전략상의 필요에 따라서 축성술과
관련된 정밀한 설계와 측량이 요구되었기 때문
이다. 둘째, 도시 건설과 행정상의 필요성 때문
이다. 이밖에 산업과 상업에서도 수학이 필요하
게 되었는데, 상인 사회에서의 주산 보급이 그

아이다 야스유끼

좋은 예이다. 그러나 영주가 다스리는 각각의 영토에서 경영하는 교
육기관에서는 수학을 거의 다루지 않았다. 흥미롭게도 임진왜란 이
후 총과 대포가 무기의 중심이 되면서, 점점 영향력을 잃고 실업자가
되어가던 일본의 전통적인 사무라이들이 이 시기 수학 발전에 큰 기여
를 하였다.

일본 도쿠가와 막부 시대(1603~1867) 가장 눈에 띄는 뛰어난 수학자 두
명은 세키 다카카즈 고와(關孝和, 1642?~1708)와 아이다 야스유끼(會田安
明, 1747~1817)이다.

세키 고와[14]는 조선판 산서를 옮겨 쓰는 일로 연구를 시작하여, 33세
가 되던 1674년에는 수학책 『발미산법(發微算法)』을 저술하였다. 이 책
은 자신이 낸 문제에 대한 세밀한 분석을 담고 있다. 또한 중국과 한국
수학에 나오는 마방진에 대한 연구도 포함되어 있다. 특히 문자를 써서

세키 고와 탄생 350주년
기념 우표

수식을 나타내고 계산하는 방법인 「점찬술(點竄
述)」을 다루고 있다. 산대를 써서 계수만으로 미지
수가 하나인 방정식을 나타내는 중국의 「천원술」
을 개선하여, 오늘날 대수식처럼 문자를 써서 여
러 미지수를 나타내고 필산으로 해를 구하게 된
것이다.

사무라이 집안에 입양되어 어렸을 때부터 수학

일본의 산사수학

에 뛰어난 재능을 보인 그는 9살 때 집안의 하인을 통해 동양 산학을 접한 후 스스로 산학을 공부하였다. 그의 집 안에는 중국과 조선, 일본의 산학책들이 많이 있었기에, 그 책으로 공부하면서 높은 수준의 산학 실력에 이르렀고 전통산학 전문가가 된다. 그는 영주에게 지도를 만들어주는 일도 했으며, 13세기 중국의 월력을 공부하여 보다 정확한 일본의 월력을 만들기도 했다. 그는 일본에 새로운 수학적 표기법을 소개하였고, 또 천문 계산, 무한급수 및 디오판틴(Diophantine) 방정식과 관련된 연구와 라이프니츠와 뉴턴이 수행한 유사한 연구도 그들보다 먼저 소개하였다고 알려져 있다. 그의 영향으로 많은 문하생들이 모이고, 산학자 집단이 만들어진다. 그의 제자 가운데 한 사람인 다케베(建部賢弘, 1664-1739)[15]는 이 산법의 대부분을 전수받아 활용했다.

당시 그림을 보면 칼을 찬 사무라이들이 말을 청소하거나, 마차나 인력거에 비스듬히 누워 산학책을 읽으면서 손님을 기다리거나 허드렛일을 하는 모습들이 많이 보인다. 임진왜란 이후 사무라이들은 할 일이 줄어들면서 역할이 점차 변해갔다. 이런 사무라이들은 누군가 절에 문제를 달아놓으면 다른 사람이 와서 답을 달아놓는 방식으로 수학문제 풀이에 참여하였다. 이를 통해 일본의 산사수학(절수학, Japanese Temple〈Shrine〉Mathematics)이 발전하였고, 이런 수학 대중화 과정을 거치면서 17세기에 일본은 조선산학과 차별화된 수학적 성취를 이룬다.

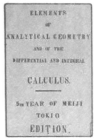

대미적습급역해, 미적분학

세키 고와는 서양 수학에서 있었던 발견의 전조가 될 만한 연구 업적을 남겼다. 그 대표적인 것이 논문 「해복제지법(解伏題之法)」에 나오는 '행렬식 연구'나. 이는 행렬식이라는 개념을 연립방정식의 풀이로 확장시킨 연구로, 18세기 독일의 수학자 라이프니츠의 이론보다 더 일반적이고, 시대적으로 앞서기 때문에 독창적인 업적으로 주목받는다. 「천원술」에서 사용되던 산목을 붓으로 쓰게 되면서 「방서술(傍書術)」이 발명되었고, 숫자계수를 갑·을·병으로 대신하여 기호대수학으로 비약시켰다. 즉 산목을 문자로 변화시키는 과정에서 기호화시켜 발전한 것이 일본 산학(화산, 和算)의 특징이라 할 수 있다. 기호대수학을 이용하여 같은 연산을 되풀이하는 방법으로 삼각형에 내접하는 무한의 원수열 또는 원에 내접하는 정다각형의 변을 늘리고 그 합을 계산하는 것도 가능하다. 또한 일본 산학은 드디어 무한수열을 계산할 수 있게 되었다. 엄격한 의미의 해석적 방법은 아니지만 일본 산학자들이 미적분의 바로 앞까지 도달할 수 있게 된 것이다.

세키 고와가 쓴 또 하나의 수학책인 『괄요산법(括要算法)』에 위에 언급한 일본 전통 수학의 특징인 '원리(圓理)'의 내용이 들어 있다. 원리란 극한의 생각을 바탕으로 하는 원이나 구에 대한 계산법을 말한다. 극한의 생각이 점차적으로 발달함에 따라 원리는 원이나 구뿐만 아니라 타원을 비롯한 다른 곡선으로 둘러싸인 도형에서도 적용되어 다양한 곡선 도형을 대상으로 하는 계산법으로 확장되었다. 따라서 원리란 곧 미적분의 소박한 개념이라 할 수 있는데, 세키 고와는 '산술의 현인'으로서 많은 제자를 두어 일본 전통 수학이 서양 수학으로 흡수·대체될 때까지 꾸준한 영향을 미쳤다. 그에 대한 후세의 평가는 새로운 수학적 지식의 발견보다 일본에서 과학 정신을 일깨운 선구자 역할을 함으로써 확고한 전통 수학의 발판을 마련하였다는 점에 초점이 맞추어져 있다.

아이다 야스유끼는 일본 전통산학에 가장 큰 기여를 한 일본 산학자로서 일년에 50~60개의 수학적 기록을 남겼으며, 현재까지도 거의 2,000개의 기록이 남아 있다. 그는 번분수(continued fractions), 정수론과 기하학에 대한 기여와 함께 동아시아에서 최초로 등식에 대한 부호를 만들었다. 그는 1788년 저서 『산법(筭法)』을 편집하여 발간하였다.

일본은 1854년 미국에 의해 강제로 개항하고 나서 1867년 메이지(明治) 천황이 즉위한 후, 빠르게 발전한 서양 강대국들을 따라잡기 위해, 개혁을 모색한 메이지유신을 거치면서 짧은 기간에 순조로운 근대화를 이룩하였다. 일본 전통 수학에 서양 이론이 들어온 것은 18세기였다. 당시 중국어로 번역된 근대 수학책들이 천문·역법과 함께 일본에 전해졌으나 화산가(일본 산학자)들이 이런 새로운 지식을 흡수할 준비가 안되어 있었기 때문에 일본에서도 서양 수학은 한동안 배척되었다.

메이지 초창기에 일본은 외국에서 군사기술과 과학기술을 배우고, 막부체제라는 구체제를 붕괴시켜 부국강병의 방책을 실시하는 데 전력을 다하였다.[16] 그러나 일본도 19세기 중엽부터 본격적으로 서양 학문의 번역이 시작되는데, 1856년 2월에 번역자를 위한 학교를 설립하였다. 특히 나가사키에 설립된 해군전습소(海軍傳習所)에서 17세기 중국에서 출판된 서양 수학책들을 연구하였다. 1862년 다카수기 신사쿠(高杉晋作, 1839~1867), 나카무라 구라노스케(中牟田倉之助, 1837~1916), 고다이 토모아쓰(伍代友厚, 1834~1885) 등이 상하이를 방문하여 와일리의 『수학계몽』, 『대수학』, 『대미적습급』 등을 일본에 가져가 이들을 통하여 새로운 서양 수학을 접하게 되었다.[17] 특히 후쿠다 한(福田半, 1850~1888)은 와일리의 책과 함께 루미스의 원서를 참조하여 1872년 『대미적습급역해(代微積拾級譯解)』[18]를 출판하는데, 그는 이선란과 달리 분수도 현재 기법을 사용하고 대수식의 문자를 한자 대신 알파벳을 사용하여 나타내었다.[19] 또 드모르강의 『대수학』도 수카모토 아키다케(塚本明毅) 교정으로 하여 1872년에 출판하였다. 1871년 이와쿠라 도모미(岩倉具視, 1825~1883)가 이끄는 사절단이 서양 여러 나라에 파견되는데, 이때 60명의 유학생들이 포함되어 서양의 교육, 과학기술, 문화, 군사 등에 대한 교육을 받고 돌아와 메이지 시대 중요한 지도자들이 되었다. 이와 같이 적극적으로 서양 문물을 받아들이면서 중국을 통하지 않고, 유럽과 미국에서 바로 수학을 들여오게 되었다.

1872년 메이지 5년에 근대적인 학제가 반포될 때 "일본 수학을 폐지하고 서양 수학을 정식으로 채택한다(화산[和算] 폐지, 양산[洋算] 전용)"는 정책이 결정된다. 일본은 1872년 프랑스 학제를 기초로 교육개발을 꾀하면서 미국 러트거스대학 수학교수 스코트(M. Scott)를 도쿄고등사범학교 교수로 초빙하여 산술을 가르쳤고, 1873년 미국인 머레이(D. Murray)를 문부성 학감으로 임명하여 서양 수학의 보급에 힘썼다. 이어서 1877년(메이지 10년) 도쿄수학회사(東京數學會社, 훗날 일본수학회로 발전)가 창립되어 서양 수학을 공부하고 가르치는 사람들이 조직화하면서 전통 일본 수학은 점차 사양길을 걷게 된다. 이와 비슷한 시기에 조선도 전통 수학이 사양길을 걸으면서, 서양 수학이 본격적으로 유입되기 시작한다. 그리고 우에노 기요시(上野淸, 1854~1923)의 『근세산술(近世算術, 1888)』[20], 신묘 주나이(新名重內)의 『명치산술(明治算術, 1892)』[21] 등의 수학 교과서가 발간되면서 근대 수학이 대중에 널리 퍼지게 된다.

즉, 19세기의 동아시아 세 나라는 모두 전통산학에서 서양 근대 수학으로의 전환기를 맞이한다. 앞으로 각 장에서는 동아시아에서 전통산학에서 서양 근대 수학을 학습하는 과정으로의 변화 과정과 이 과정에서 한국의 근대 수학을 개척한 인물들을 중심으로 소개할 것이다.

3장

한국의 근대 수학교육

1895년부터 조선은 고등교육기관인 성균관을 개편하고, 초등, 중등교육기관과 근대 고등교육기관을 설립하여 새로운 교육과정을 도입하고 근대 수학을 받아들이기 위한 노력을 기울였다. 그리고 이 노력은 1897년 8월 대한제국으로 국호를 바꾸면서 더욱 적극적으로 추진된다. 그러나 1905년(광무년) 일제가 대한제국의 외교권을 박탈하기 위해 강제로 을사늑약을 체결한 이후, 1908년 일제의 사립학교령, 1910년 한일병탄, 1911년 학부령과 4차에 걸친 조선교육령 수정안 등을 거치면서 일제의 식민지 교육정책에 따라 조선에서의 교육은 오직 초등교육과 직업교육에만 비중을 두게 되었다. 이 결과 일제 강점기에 한반도에서 수학분야의 고등교육은 전혀 이루어지지 않았다.

와타나베와 아베는 1986년 논문[1]에서 식민지 조선에서의 교육정책에 대해 "일본의 교육정책은 한국의 각급 학교들이 대응하는 학년별로 일본의 교과과정과 교과서를 받아들여 사용하게 하는 것이다. 단, 모든 단계에서 졸업에 필요한 연한을 짧게 한 것이다"라고 설명하였다.

　패트리샤 쓰루미는 자신의 책[2]에서 "식민지 조선의 교육은, 1차 개정조선교육령(1911-1922)은 황국신민(皇國臣民)의 양성, 2차 개정조선교육령(1922-1938)은 조선인 사이의 유화 및 분열, 3차 개정조선교육령(1938-1943)은 내선일체(內鮮一體 : 일본과 조선은 한 몸이란 뜻), 그리고 4차 개정조선교육령(1943-1945)은 민족말살을 목표로 한다는 총 4차례에 걸친 조선총독부의 개정조선교육령에 직접적인 영향을 받았다"고 보고했다.[3]

　경제학자이자 교육자인 야나이하라(1893-1961)는 일본 제국주의 식민지 교육정책에 깊이 간여한 인물로 후에 도쿄대학 총장(1951-1957)을

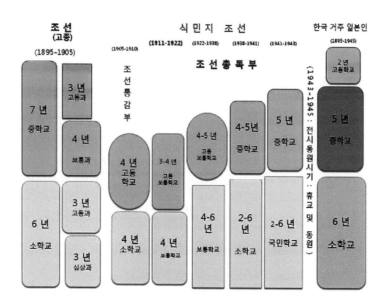

1895~1945년 사이 조선 학생과 일본 학생의 연도별 수학 연수 비교

역임하였다. 그는 1938년 자신의 논문[4]에서 "조선인 교육의 주된 목표는 일본말을 가르치는 것이다" 또한 "일본의 조선인 교육은 일본말을 배운 조선인만이 일본의 산업화를 위하여 필요한 분야에서 직업을 가질 수 있게 하는 것이다. 따라서 일본의 궁극적인 목표는 정부의 동화정책에 맞추어 가며 조선을 일본화하는 것이다"라고 강조하였다. 이에 따라 일제는 조선통감부와 조선총독부를 거치며 조선에서의 교육을 식민지 보통교육에 초점을 맞추었고, 수학분야의 고등교육은 방기하였다. 이에 따라 1911년에서 1945년 사이에 우리나라 대학과정에서 수학과는 단 하나도 존재하지 않았다.

일제 강점기인 1910~1945년 사이는 한반도에서 보통학교(초등학교) 교육조차 의무교육이 아니었다. 당시 소학교 학생 한 명이 내야 하는 1년 학비는 당시 근로자 평균 월급의 두세 달치에 해당했다. 또한, 고등보통학교를 줄여서 고보(高普)라고 불렀는데, 바로 이 고보라는 명칭과 제도는 일제의 식민지 차별 교육의 전형을 보여준다. 조선에서 고보를 졸업한 조선인이 고등교육을 받기 위해 일본에 건너가더라도 고등학교 입학시험에 응시할 수 없었다. 그 이유는 앞의 표에서 보듯이, 조선의 고등보통학교 졸업생은 1940년까지도 일본의 중학교 졸업생에 비하여 수학 연수가 2~4년 모자랐기 때문이다. 이런 이유로 일본 고등학교 진학이 곧바로는 불가능했다. 따라서 조선에서 고등보통학교를 마친 학생이 고등학교를 거쳐 대학에 진학하려면, 멀리 일본으로 유학을 가서 중학교 4학년 또는 5학년으로 편입을 하고 공부를 한 후 졸업장을 받아야 했다. 그러나 빈자리가 있어야 가능했던 편입은 거의 일본인 담임교사와 교장 추천에 의해서만 가능했다. 더구나 당시 조선의 경제 사정을 고려하면 현실적인 문제는 더욱 심각했다.

일본의 관립대학은 대학 예과졸업생 이외에 당시 일본에만 30여 개

있었던 고등학교 졸업생과 고등사범학교와 전문학교 졸업생 중에서 입학시험을 거친 자에게만 응시자격을 주었다. 따라서 일제 강점기 초에는 대학에 입학하려면 고등학교나 조선에 존재하지 않는 대학 예과에 입학해야만 했다. 이처럼 고등학교가 하나도 없는 한반도에서 중학교 수준에도 못 미치는 고등보통학교를 졸업한 보통의 조선인 학생의 대학 진학은 거의 불가능하였다. 더구나 일본 유학은 교장과 정부로부터 추천과 장학금을 동시에 받아야 가능했으므로 극소수 학생에게조차 매우 어려운 일이었다. 따라서 일제하에서 일반인의 대학 진학은 더욱 먼 이야기였다. 이런 여건은 1945년까지 조선에 수학과 대학 과정이 전혀 마련되지 못한 것과 함께 해방 후 한국 고등수학 발전에 매우 부정적인 영향을 미쳤다.

일제 식민지인 경성부에 있던 경성제국대학(京城帝國大學)은 일제의 여섯 번째 제국대학으로, 1924년에 예과만 우선 설립되었다. 예과 교사는 현재 동대문구 청량리역 인근에 있었다. 예과 합격생들은 학부에 진학하기 위해서 예과에서 2년(1934년 이후부터는 3년)간 공부해야 했다. 경성제국대학 예과의 경우는 일본의 다른 제국대학으로 편입할 수 없도록, 보통 제국대학의 3년제 예과와 달리 단 2년제로 운영했다. 따라서 경성제대 예과를 나온 학생은 다른 제국대학으로 진학할 수 없게 된다. 이러한 점은 경성제대 교수들에게는 큰 불만 사항이었는데, 1934년에 이르러서야 경성제국대학 예과도 3년제로 바뀐다.

조선에서 보통학교 3년, 고등보통학교 5년을 마친 학생들 중 일부가 경성제국대학 예과에 입학하여, 3년 동안 예과를 마친 후, 3년제 경성제국대학 본과에 입학할 수 있었다(조선의 대학졸업생은 총 14년의 교육기간, 일본의 대학졸업생은 총 16년의 교육기간이다). 본과는 1926년에 개설되었다. 학부는 법문학부와 의학부 단 두 개로 구성되었다. 이공학부는 제2차 세계대전 종전을 앞둔 1941년에 설립되었지만, 이때 수학과는 없었다. 경성제국대학은 1945년 일본의 패망과 함께 경성대학으로 전환되었다가 미군정에 의해 폐교되었다.

와타나베와 아베가 언급한 식민지 교육 정책의 영향은 1938년의 학제 개편을 거치며 초중등학교 수학기간이 일본과 비슷해진 후에 조금 나아졌으나, 1941년 이후 2차 세계대전 말이 되고 특히 1943년부터 전시 동원령이 발효되면서 진학 여건은 더욱 나빠졌다. 일제하의 한반도 이공계 대학교육은 1941년 경성제국대학의 이공학부가 처음 생기고, 1944년 물리학과와 광산과 등에서 1회 졸업생을 배출하면서 단 몇 명의 조선인 학생이 일본 유학 대신 경성제국대학에서 이학사와 공학사 학위를 받은 것이 전부이다. 일제하에 각 학교에서 이루어진 근대교육의 구체적인 수학교육과정의 내용은 참고문헌(논문)[5]에서 인용했다.

1. 수학 교과서

1885년부터 1910년 사이에는 우리글로 된 수학책들이 많이 발간되었다. 그러나 1911년부터 일제의 식민지배가 시작되면서 일본어로 된 낮은 수준의 초등과 중등 수학 교과서들만 주로 발간된다. 이 시기에 발행된 수학책에 대한 연구는 그동안 활발하지 않았다. 정규학교에서 사용할 수학 교과서가 편찬·간행되어 사용된 것은 1894년 이후의 일이다. 1895년 학부편집국에서 출판한 『국민소학독본(國民小學讀本)』과 『간이사칙문제집』, 『심상소학독본(尋常小學讀本)』, 『근이산술서』는 우리나라에서 간행된 최초의 교과서이다. 특히 『간이사칙문제집』과 『근이산술서』는 신학제에 맞추어 사용하기 위하여 저자도 없이 급히 번역하여 만든 실험용 교재였다. 학부의 요청으로 『근
이산술서』에 보태 이상설이 편역하고, 학부가
1900년 7월에 발행한 『산술신서』는 1900년부
터 1910년 사이에 발간된 60여 종이 넘는 한
글 또는 국한문 혼용으로 된 수학 교과서에 큰
영향을 주었다.[6] 지난 10년간 필자가 발굴한
1885년부터 1910년 사이에는 한글로 된 조선
의 근대 수학책이 앞선 연구에서 발굴된 것보

『산술신서』

다 훨씬 더 많다(최근 정리한 당시 우리말 수학책들의 목록은 부록 참조).

광복 직후에는 『초등 셈본』, 『초등 셈본(산수공부)』이 발행되었고, 제1
차 교육과정이 시작된 1954년부터 『산수』가 수학교과서로 자리잡았다.
현재 사용되는 수학이란 이름의 교과서는 1992년 제6차 교육과정 개정
때 바뀌어 1995년부터 적용되었다. 수학적 사고 능력 배양을 위해 산수
에서 수학으로 명칭이 바뀐 것이었다.

1945년까지 한반도에서의 대학 수학교육은 1911년 일제가 한반도에
서의 대학과정을 모두 폐지하였기 때문에 아주 미미하였다. 이에 따라
한국에 대학수학(특히 미적분학 입문)이 널리 소개된 것은 중국이나 일본
에 비해 크게 늦어졌다. 대한제국 정부가 1899년 만든 상공학교를 뿌리
로 1907년 생긴 공업전습소(工業專習所)를 1916년 4월 1일 3년제 전문
학교인 경성고등공업학교로 승격시키면서 이곳에서 처음 미적분학을
강의했던 것으로 추측된다. 그리고 1917년 4월 '사립연희전문학교'의
설립 인가를 받은 연희전문 수물과에서 미적분학을 정식으로 강의하였
다. 현재 대학 2학년이 수강하는 미분방정식이 연희전문 수물과 졸업
반 학생들이 수강하는 과목이었다. 대학교육이 합법적으로 가능해졌던
1922년이나 경성제국대학에 이공학부가 생긴 1941년이 되어서도 수학

위 『초등 셈본』과 『초등 셈본(산수공부)』 『산수』 교과서의 표지
아래 한국어로 소개된 최초의 미적분학 책(해방 후)

과가 없는 상태였기 때문에 정상적인 대학 수학교육은 1945년 해방 때까지 이루어지지 않았다.

2. 성균관 / 한성사범학교 / 관공립소학교

고종은 1895년 성균관에 3년제 경학과를 설치하고 교육과정을 개편하여 강독, 작문, 역사학, 지리학, 수학(가감승제, 비례, 차분)을 필수과목으로 지정하였다. 국립 성균관 경학과 교과과정에 최초로 중고등과정의 서양 수학이 필수과목으로 지정된 것이다. 동시에 교수임명제, 입학시

상단 왼쪽 위 한성사범학교에서 지도하는 헐버트(1897년) / 오른쪽 성균관 경학과 강의실(1894년)
아래 한성사범학교와 소학교(1894년)

험제, 졸업시험제를 실시하고 학기제, 연간 수업일수, 주당 강의시간 수를 책정하는 등 근대적인 제도 개혁을 단행하였다. 그리하여 성균관은 근대 대학의 구조를 갖추었다. 이어서 대한제국은 성균관을 근대적 고등교육기관으로 발전시키기 위하여 1905년과 1908년에 성균관 관제를 개편하였다. 특이한 사항은 '경학과 기타학과(역사, 지리, 수학)'로 분과를 했다는 점이다. 이에 따라 늘어난 전공을 담당하기 위하여 교원이 3명 추가된다. 그리고 교과과정에 산술, 대수, 기하에 더해 물리, 화학과 같

은 자연과학 강좌가 추가된다. 그리고 입학 자격은 나이가 20세 이상 30세 이하로 제한된다.[7]

한성사범학교는 학부고시(1894년 8월)에 따라 1894년 9월 18일 설립되었는데, 교육과정은 수신, 국문, 한문, 교육, 역사, 지리, 수학, 물리, 박물, 화학, 습자, 작문, 체조 등 모두 13개 과목을 가르쳤다. 당시 교원은 한국인과 일본인 두 사람이었고, 한 교실에 25명 정도 수용할 수 있었다. 이 학교에서 이상설, 이상익, 헐버트 등이 교감 또는 교사로 근무하였다. 이 학교는 1895년부터 1903년까지 속성과를 포함하여 172명의 졸업생을 배출하였고[8], 이들 중 1895년부터 1906년 8월까지 64명이 관립소학교 교원으로 임명되었다.[9] 일제 통감부 설치 이전까지 한성사범학교 졸업생의 대부분은 관공립학교 교원으로 임명되어 국민 교육에 큰 기여를 하였다.

관공립소학교는 1895년 7월 공포된 전문 29개조의 소학교령을 필두로 본격적으로 추진되었다. 제일 먼저 생긴 소학교가 한성사범학교의 부설학교로 같은 건물(현재의 교동초등학교)에서 수업을 시작하였다. 소학교에는 심상과와 고등과가 있었고, 수업연한은 심상과의 경우 3년, 고등과의 경우는 2년 내지 3년으로 규정되어 있었다. 심상과의 교과목은 수신, 독서, 작문, 습자, 산술, 체조, 본국역사, 도화, 외국어(여아를 위해 재봉 1과를 추가할 수 있음) 등이며, 고등과는 여기에 외국 지리와 외국 역사 그리고 이과를 추가하도록 하였다. 육영학원과 성균관에 이어 교사 양성기관인 한성사범학교에서 관립 근대 중등수학교육이 이루어졌다. 그리고 관립 근대 초등수학교육도 이 관립소학교에서 시작되었다.

3. 각종 외국어학교

외국어학교의 교사와 학생들

1891년 중국의 동문관을 모델로 설립한 관립외국어학교의 수업연한은 일어, 한어(漢語, 중국어)는 각 4년, 영어, 법어(法語, 프랑스어), 아어(俄語, 러시아어), 덕어(德語, 독일어)는 5년으로 규정되었다. 교육과정은 각국 어학이 중심이 되었으나 뒤에 수학, 지리 등의 일반 과목과 실무 교육으로서 상업총론, 우편사무와 같은 내용이 추가되면서 외국어학교에서도 수학을 가르치기 시작하였다.

4. 의학교 / 법관양성소

의학교의 전신은 1895년 11월 7일 칙령 제180호로 공포된 종두의 양성소(종두 예방접종을 하는 기술자 양성소)로, 1899년 3월 24일 공포된 의학교 관제(칙령 제7호)에 이어 7월 5일 의학교 규칙이 공포되고, 이어 8월 15일 학생 50명을 모집하여 8월 20일 훈동(현재 관훈동) 전 김홍집의 집터에서 개교하였다. 의학교의 수업연한은 3년으로, 의학교 규칙 제3조에서 "3년은 속성과이며 국내 의술이 발달하면 연장할 것"이라고 규정하고 있다. 의학교의 입학 자격은 원칙적으로 중학교 졸업자라고 하였으나 당시 중학교는 아직 설립도 되지 않은 상태였으므로 시험을 거

쳐 '문산(文算, 인문과 산수)이
풍부하고 재지(才智, 재능과
지혜)가 총명한 자'를 입학시
켰다. 시험과목은 국문과 한
문의 독서 및 작문으로, 이는
여타 학교와 동일했다. 그러
나 산술의 경우는 비례와 식
답(式答)으로 하여 약간 수준

이 높은 것이었다. 의학교에서는 1900년 발간된 『정선산학(精選算學)』
을 수학 교재로 사용한 것으로 여겨진다. 1910년 수업연한 확정과 동시
에 설정된 입시과목에는 산술(4칙, 분수)이 포함되어 있다.

법관양성소는 1895년 3월 당시 법원인 평리원 안에 창설되었다. 수
업연한은 6개월이었으며 민법, 형법, 소송법, 명률, 대전회통(大典會通),
무원록(無寃錄)과 민사 · 형사 소송서류 형식 등을 가르쳤다. 이후 법관
양성소는 일시 폐쇄되었다가 1903년 다시 문을 열어 수업연한을 1년 6
개월 또는 3년으로 개편하였다. 1904년 7월 30일 비로소 법부령 제2호
로 법관양성소 규칙을 마련하여 교육과정, 수업연한, 학생 입학 및 졸업
등의 내용을 체계화하였다. 교과목에 헌법, 행정법, 국제법, 상법, 외국
율례, 산술, 작문이 추가되었다. 1908년 예과를 설치하였으며 예과 과목
에 수학이 포함되었다. 의학교와 법관양성소에서도 입학시험에 수학 과
목이 들어간 것은 근대교육에서 수학이 대부분의 전공 학생들이 수강
하는 과목으로 자리 잡았다는 사실을 확인해 준다.

5. 실업교육기관

상공학교

후에 선린상고와 서울공고로 이어지는 상공학교는 1899년 5월 상공학교 관제가 마련되면서 비로소 구체화되었는데, 이 관제에 따르면 상공학교는 상업과와 공업과로 구성되며 수업연한은 4년이다. 1년은 예과로 기초과정을 배우고, 3년은 본과에서 수업을 받도록 하였다.

상공학교와 광무학교(광산기술) 외에 속성 실업교육기관으로 잠업양성소(양잠기술), 전무학당, 우무학당이 있었다. 전무학당(전기)과 우무학당(우편)은 새로운 통신시설이 도입됨에 따라 그 업무를 담당할 기술요원 양성이 시급히 요구됨에 따라 설립되었다. 우무학당은 1900년 11월 1일 통신원령 제6호로, 그리고 전무학당은 같은 날 공포된 통신원령 제7호에 의거 설립되었는데, 입학 연령은 15세 이상 30세 이하인 자로 여타 학교와 마찬가지로 국어 및 한문 독서와 작문, 그리고 산술 시험을 통해 선발하였다. 교육과정은 우무학당의 경우 국내 우체규정, 우체세칙, 만국 연우규칙, 외국어, 산술 등이며 전무학당은 타보, 번역, 전리학, 전보규칙, 외국어, 산술 등이었다. 1904년 일본에서 들여온 차관으로 상공학교에 농과를 가설하여 농상공학교로 개칭된다. 관립 근대 실업 수학교육은 상공학교에서 시작되었다.

6. 관립중학교

중학교 관제는 1899년 4월 4일 공포되었으나 구체적인 설립 규칙은 1900년 9월 7일에 가서야 비로소 공포되어, 당시 설립 과정의 어려움을 잘 말해주고 있다. 관립중학교는 심상과 4년, 고등과 3년으로 수업연한이 7년인 인문계 교육기관으로, 1900년 9월 홍현(김옥균의 집터, 현재 정독도서관)에서 개교하고 9월 26일 입학생 선발을 위한 시험을 실시하였다. 중학교의 교육과정은 심상과의 경우 윤리, 독서, 작문, 역사, 지리, 산술, 경제, 박물, 물리, 화학, 도화, 외국어, 체조 등으로 규정되어 있고, 고등과에는 여기에 법률, 정치, 공업, 농업, 상업, 의학, 측량 등과 같은 과목이 추가되어 있다.

관립 중등 교육 100주년 기념 우표(현 경기고등학교 전신)

7. 사립(고등)교육기관 / 관립 경성고등공업학교(부설-이과양성소-수학과)

1885년 두 명의 학생으로 시작한 배재학당은 영어, 지리, 수학, 과학 등을 지도하였고, 1895년 대학과를 개설하여 자연과학강좌를 실시하였다. 1917년 일제에 의해 대학과는 폐지되었지만, 20세기 초 한국인 수

이화학당 옛 모습

학교사를 배출하는 역할을 하였다.

1886년 미국인 여선교사 스크랜튼(Scranton)에 의해 개교한 이화학당은 1908년 대한제국으로부터 인가를 받았으며 대수, 기하, 삼각법 등의 수학 과목을 개설하였다. 1898년 설립한 한성의숙(낙영의숙)에서는 산술, 물리, 화학을 강의했고, 1899년 설립한 시무학교(중교의숙)에서는 산술, 물리, 기하, 화학을 가르쳤다.

1899년 설립한 배영의숙에서는 산술, 물리, 화학을 가르쳤으며, 1907년 설립한 평양사립 대성학교에서는 수학(분수, 구적, 대수, 기하, 부기, 삼각법) 및 측량, 물리, 화학, 식물을 가르쳤다. 1898년 한성에 설립한 광흥학교에서는 산술, 일어, 영어, 법률, 지리, 역사 등을 교육하였으며, 1910년 고등 속성과를 설치한 동덕여자의숙에서는 산술과목으로 분수, 소수, 주산을 지도하였고, 동물, 식물, 생리위생 등의 과목을 가르쳤다.

조선 후기 역관이자 교육가인 현채(玄采, 1856~1925)가 교장이었던 사립 한성법학교(1905~1906)의 강사였던 변호사 이면우(李冕宇)는 1908년 이교승이 저술한 산술교과서(상)와 1909년 저술한 산술교과서(하)의 공저자이다. 이런 수학책을 펴낸 출판사는 이면우 법률사무소로 기록되어 있다.

1945년까지 우리나라에 초등학교 교사를 배출하는 사범학교(현재의 교대)는 있었지만 중등학교 교사를 배출하는 고등사범학교(현재의 사범대학)는 단 하나도 없었다. 따라서 중등학교 이과 교사가 절대적으로 부족하던 1941년에 경성고등공업학교에 이과양성소(理科養成所)가 부설되어 수학, 물상, 화학, 생물 중등교사를 양성하기도 했다. 경성고등공업학교는 해방 이후에는 경성광산전문학교와 함께 경성제국대학 이공학부 공학계를 흡수하여 서울대학교 공과대학이 되었다.

중요한 것은 경성고등공업학교 부설로 1941년에 생긴 이과 교원양성소의 수학과에서 중등수학교사들을 배출한 것이다. 이는 기존의 사범학교에서 배출한 초등학교 교사(수학교사)와는 차별화된 변화이다. 더구나 교육과정에서도 의미 있는 차이가 있었을 것이다. 고등보통학교인 중동학교에서 1915년 수학과 1회 졸업생을 배출했지만, 당시 일제가 이 학력을 인정하지 않았기 때문에, 공식적으로는 경성고등공업학교 부설 이과교원양성소 수학과가 일제시대 수학과란 이름을 가진 조선의 유일한 교육기관이었다. 이런 이유로 1960년대까지는 여러 대학에서 사범대학 수학전공을 수학교육과가 아니라 사범대 수학과라는 이름을 가지고 있었다. 그 외에는 연희전문학교에 수물과가 있었다. 따라서 1964년 서울대학교 공과대학에 생겼던 응용수학과의 뿌리는 경성고등공업학교 교원양성소 수학과로 볼 수 있다. 서울대학교 공과대학 응용수학과는 1975년 자연과학대학 수학과와 통합되면서 신설된 계산통계학과로도 전통이 이어진다.

8. 연희전문 수물과 / 경성제국대학 예과(이공학부)

한반도에 이공계 대학이 처음 생긴 1941년까지는 우수한 우리 학생이 4년제 대학에서 수학, 생물 등 기초학문을 배우려면 주로 일본에 있는 대학 예과나 일본의 중등교원 양성기관인 고등사범학교 및 그 외의 학교(도쿄물리학교 등)로 진학하는 것 외에 다른 길이 없었다.[10] 그러나 당시 조선의 일반적인 경제력으로 일본이나 미국으로의 자비 유학은 상상하기 어려운 일이었다.[11]

연희전문학교(延禧專門學校)는 1914년 조선기독교대학(CCC)이란 이름으로 종로 YMCA에서 개교했다가 1923년 연희전문학교로 교명을 바꾸고 다시 설립인가를 받았다. 정규 대학을 목표로 한 연희전문학교는 조직 구성을 대학 체제로 갖추고 1923년 현재의 신촌 캠퍼스를 중심으로 하는 새로운 비전을 제시한다. 즉 기존의 전문학교들과 같이 단과나 직업학교 형식이 아니라 문과, 신과(신학과), 수학 및 물리학과, 농과, 응용화학과를 보유한 대학 형태를 갖추었다. 수학 및 물리학과는 간단히 줄여서 수물과라고 불렀다. 연희전문학교에 초창기부터 수물과가 생기게 된 것은 물리학 석사 학위를 가지고 평양 숭실대학에서 근무하다 1915년 초빙된 베커 교수의 강력한 주장으로 이루어졌다고 한다. 그는 연희전문학교 설립 당시 크게 공헌하였을 뿐만 아니라 설립 후에도 학교 전체 학사관리를 하면서 초대 수물과 과장으로 일했다.[12] 베커는 1919년 4명의 수물과 졸업생을 배출한 후, 미국 미시간대학에서 박사학위 과정을 시작해 2년 반 후인 1921년 물리학 분야에서 박사학위를 받았다. 베커가 미국에 체류하는 동안에는 앤드류(T. Andrew)라는 선교사가 연희전문학교에서 수학과 물리학을 가르쳤다.[13]

구분	교과목
1학년	삼각법, 해석기하학, 고등대수
2학년	삼각법, 미적분
3학년	미적 분학
4학년	근세기하학, 응용함수론

1931년 연희전문학교 수물과 교과목(수학전공)

1923년 3월 조선총독부에서 개정조선교육령을 공포하면서 연희전문은 문과, 신과, 상과를 제외하고 수물과를 비롯한 나머지 학과는 폐쇄되었다. 그러나 다음 해인 1924년 4월 베커 교수의 노력으로 1년 만에 수물과는 다시 문을 열게 되었다. 연희전문학교 수물과 1회 졸업생 중 한 명이 바로 장세운이다. 그는 시카고대학에서 학사와 석사학위를 받고, 1938년 미국 노스웨스턴대학에서 「윌진스키의 관점에서 본 곡면의 아핀 미분기하학(Affine Differential Geometry of Ruled Surfaces from the Point of View of Wilczynski)」이라는 논문으로 한국인 최초로 수학박사 학위를 취득한다.

일제 강점기 초 새로운 교육과정에 따른 수학교육은 관학과 사학을 막론하고 고등교육기관이 전무한 상태에서 초등 및 중등 수학교육만 이루어졌다. 중등학교 이상의 수학교육은 1915년에 이르러서야 연희전문학교에 수물과가 생긴 후, 이 학과를 통하여 부분적으로 이루어졌고, 1924년 경성제대 예과가 생겨 고등학교 과정의 수학을 가르쳤다. 1941년부터 경성제대 물리과가 생겼으나 대학과정의 수학 과목은 개설되지 않았다. 따라서 근대계몽기 이후 일본이 패망하는 1945년 8월까지 우

연희전문학교의 옛 모습

리의 근대 수학교육 여건은 단 하나의 독립된 수학과도 없는 상황인 식민지 고등교육정책 아래서 다른 어떤 분야보다 척박하였다. 특히 경성제국대학에서 현재의 자연과학부에 속하는 학과는 물리전공과 화학전공이 유일하였으므로, 수학교육 환경은 한층 더 척박하였다고 할 수 있다. 연희전문 수물과를 제외하면 1920년부터 1945년까지 고등수학교육은 미약하였고, 경성제국대학에서 운영하였던 물리학과의 교육과정 안에 포함되어 있는 것이 전부였다.[14]

일본인을 중심으로 소수만을 선발한 경성제국대학에는 조선인의 독립의식을 고양시킬 수 있는 정치나 경제, 이공계 등의 학부는 설립되지 않았고, 일제의 식민통치에 효과적으로 이용할 수 있는 인력양성을 위한 법문학부·의학부만 설치 운영하였다. 그러다 1940년대가 되어 만주전쟁을 수행하는 데 조선의 인력과 자원이 필요하자 비로소 1941년 3월 경성제국대학에 이공학부를 새롭게 설치하고 물리학, 화학, 토목공학, 기계공학, 전기공학, 응용화학, 채광(광산) 및 야금의 7개 전공을 두었다. 그러나 조선인 입학생은 그 수가 적었고 학생 선발에 있어서 그 기준은 다분히 정치적이었다. 지금의 서울시 공릉동 서울과학기술대가 있는 위치에 생긴 3년제 경성제국대학 이공학부에서는 1941년 4월에 신입생 총 37명을 맞아 일본인 교수들에 의해서 강의가 이루어졌다. 그러나 1943년 말 경성제대 이공학부 1회 졸업생 중 조선인은 단 13명이며, 일제가 패망하는 1945년 3회까지 단 31명(또는 37명)의 조선인 졸업생을 배출하는 데 그쳤다.[15] 이곳에서 수학을 가르친 사람으로는 일본인 우노(宇野利雄, 전 도쿄고등상선 교수), 오케구치 준시로(桶口順四郎, 전 오사카제대 조수)가 있었다.[16]

9. 경성대학(서울대)과 김일성대학

1945년 10월 17일 우리나라의 유일한 대학이던 경성제국대학이 일제를 상징하는 '제국' 두 글자를 빼고 경성대학으로 개칭되고, 경성대학 이공학부에 최초로 독립된 수학과가 개설되었다. 그러나 국립 서울대학교 설립안(국대안) 파동으로 강의조차 제대로 이루어지지 않았다. 그해 11월 김지정(金志政)이 처음으로 경성대학 수학교수로 임명되었다. 이 무렵 동북제국대학 출신의 조○○, 김지정, 이임학, 유충호(劉忠鎬), 홍임식(洪妊植), 이재곤(李載坤, 독학으로 수학 공부, 청주중학교 교사를 거쳐 해방 후 경성사범학교에서 강의) 등 10여 명이 모인 1차 수학자 회의와 20여 명의 수학자가 모인 12월의 확대 모임에서 앞으로 경성대학 수학과에서 강의를 맡게 될 세 사람을 투표로 선출하였다. 그 결과로 김지정, 이임학, 유충호가 선발되었으며, 경성대학 초대 수학과장으로 선출된 사람은 도쿄제국대학을 졸업하고 연희전문 강사를 역임한 김지정이었다.

　김지정, 이임학, 유충호가 미군정의 국대안에 따른 갈등으로 모두 사표를 내자, 1926년 도쿄대학 수학과를 졸업하고 귀국하여 휘문고보, 경성공업전문학교, 경성광산전문학교에 근무하다 해방 후 경성광산전문학교 교장직을 수행하고 있던 최윤식이 개편된 서울대학 수학과 초대학과장으로 취임한다. 그는 1946년 조선수물학회 초대회장에 선임되었으며, 1951년 전시과학연구소 창립위원 겸 자연과학연구위원 등으로 활동하였고, 1952년 대한수학회 초대회장, 1954년 대한민국 학술원 특별(추천)회원으로 선출되었다. 1956년 국내에서는 최초로 수학박사 학위(서울대)를 취득하였다. 최윤식은 1959년 사망하기 전까지 초창기 대한수학회의 초석을 마련하였다.

　경성대학 수학과 설립 초창기에 문리과대학의 미적분학 강의는 최윤식이 일본 도쿄대학 유학 시절 사까이(酒井)의 강의를 수강하면서 노트한 내용을 위주로 강의가 진행되었고, 연습시간에는 『켈스(Kells): 미적분학(Calculus)』을 교재로 사용하였다. 미적분학 외에 『대수(3차원 변환)』, 『해석기하(Affine 변환)』 등이 교재 없이 강의가 진행되었고, 『대수와 기하』는 『아끼쯔끼 야쓰오 : 대수와 기하』를 교재로 강의했다.[17] 당시 서울대 문리대의 수학 교과내용은 참고문헌에 자세히 소개하였다.[18]

　이때 북한도 신설 김일성대학에 수학과를 창설하여, 수학과 교과과정을 운영하기 시작하였다.[19] 김일성종합대학은 평양에 있는 조선민주주의인민공화국의 국립대학이고, 1946년 10월 1일에 교수 60명, 학생 1,500명으로 개교했다. 종합대학을 개교하는 데 있어서 가장 곤란했던 점은 교수와 교원들을 확보하는 문제였다. 북한은 이 문제를 해결하기 위해 각 분야에서 활동하고 있던 진보적 학자들과 지식인들, 일제 치하에서 학자적 양심을 가지고 학문생활을 계속해 온 인사들을 대학으로

김일성대학 모습

초빙하거나 소환했다. 남한의 학자 및 교수들도 초빙되었다. 또한 공식적인 김일성대학 창립사에는 게재되지 않은 소수의 소련계 한인도 교수로 참여하였다.

1946년에 설립된 김일성 종합대학은 물리수학부 안에 수학과와 물리학과가 있었다. 그때 수학과 교수진으로는 1946년부터 1947년까지 김치영, 김지정, 이재곤, 한필하 교수 순서로 부임하였다. 수학과는 3개의 강좌로 구성되었는데 해석학 강좌에 김지정, 한필하, 대수학강좌에 이재곤, 기하학 강좌에 김치영 교수가 속하게 되었다. 교재는 대부분 일본책이지만 학생들은 책을 구할 수 없어 대부분 노트에 의존하였다. 1949년경부터는 해석학, 실변수함수론 등에서 소련어로 쓰인 책이 강의 교재로 채택되기 시작했다. 교수들도 수학용어를 소련어로 쓰기 시작하였다. 성적평가에서 중간고사 제도는 없고 학기말 시험을 2, 3일에 1과목씩 1개월에 걸쳐 실시하였다. 시험방법은 한 사람씩 차례로 문제은행에서 문제를 뽑아 답안지를 작성하고 그 답안지를 가지고 구두 시험을 받아야 하는 방법으로 실시되었다. 초창기 학생들은 졸업 후 흥남공과대학, 김책공과대학, 사범대학 등 대체로 지방 공대 등 각 대학에 교원으로 배치되었다.[20]

1945년 해방 직후 수학과들이 생겨나고 경성대 수학과의 교육과정이 처음으로 마련될 때는 도쿄대학 수학과의 구 교육과정을 모델로 하였으며, 사용한 교재도 대부분 도쿄대학의 교재와 유사하였다. 해방 후 소수의 의욕 넘치는 젊은 선생님들과 함께 열정에 넘치는 학생들은 모든 것이 부족한 상태에서 논문강독, 윤강, 특강, 특수연구 특히 현재의 세미나 형식의 윤강회 등을 통하여 수학 학사가 되었다.

일제 식민지 35년을 거치면서 한국에서 배출한 수학분야 이학사가 단 한 명도 없고, 유학을 가서 대학 수학과를 나온 사람도 10명 내외였다. 수학 석사는 단 한명 뿐이었으며, 더구나 수학을 연구해 본 사람이 단 한 명도 없는 황무지 상태로 남은 한국에서, 이들은 스스로 현대수학을 따라가며 수학연구 분야를 개척해 나아간 것이다.

북한의 김일성대학 수학과 교육과정은 소련의 모델을 따라갔고 남한의 대학은 미국대학 수학과 교육과정의 모델을 참고하기 시작한다. 미국과 소련의 개입으로 이념의 차이에 따라 1948년 남과 북이 각각 독립정부를 수립하고, 인재들도 남과 북이 나누어 가지면서 수학계도 이분되었다. 그러나 남한에 남은 인재들을 중심으로 1949년 수정된 교육과정이 나오면서 기본적인 수학과 교육과정의 틀은 잡혔다. 소련의 지원을 받아 빠르게 체계를 잡아가는 북한 대학에 자극을 받은 남한 정부는 1955년부터 1961년까지 미국 지원의 〈미네소타 프로젝트〉를 운영한다. 이 프로젝트는 미국 정부의 한국 원조 프로그램의 일환으로 미네소타대학에 의뢰해 시작된 교육 지원 사업이었다. 약 7년에 걸쳐 후에 장관과 성균관대 이사장을 역임한 권이혁을 포함한 총 226명의 젊은 교수들이 학비와 숙식비를 제공받으며 미네소타대학에서 연수를 하고 돌아오면서 남한의 대학 수학과도 점차 체계를 잡아가게 되었다. 이런 영향으로 1956년 서울대학교 수학과는 국내 1호 수학 박사를 배출한다.

한국 근대 수학의 개척자

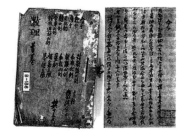

한국 근대 수학교육의 아버지

이상설

李相卨, 1870-1917

19세기 말 조선은 매우 급변하는 시대를 맞게 되었다. 1876년 병자수호조약, 1882년 임오군란, 1884년 갑신정변과 러시아의 통상조약, 1885년 톈진조약, 1894년 동학혁명, 청일전쟁, 갑오경장, 1895년 을미사변, 1897년 대한제국 성립과 광무 연호 사용 등, 조선은 외세에 의하여 매우 어려운 시기를 거쳤고, 또한 이 과정에서 개화기를 맞았다. 한편 이 시기에 서양 선교사를 통하여 서양 수학과 과학이 조선에 들어왔다.

1883년 묄렌도르프(P. G. Möllendorff, 穆麟德, 1848-1901)의 추천으로 최초의 관립 영어 교육기관인 동문학이 세워지고, 영국인 핼리팩스가 그해 11월에 부임하여 주도적으로 학교를 운영하였다. 동문학에서는 영어, 일어, 필산을 가르쳤다. 해관 업무를 위한 학교이므로 간단한 계산법을 가르쳤을 것으로 추정된다. 또한 기독교 선교사들이 전도를 위하여 설립한 배재학당(1885), 이화여학교(1886), 경신학교(1886), 정신여학교(1890) 등에서 신교육을 시행하였다. 1886년 동문학을 폐교하고 이어서 육영공원을 설립하였는데, 이때 호머 헐버트(H. B. Hulbert, 1863~1949)는 주도적으로 육영공원의 학제를 서구식으로 정하고, 1891년까지 영어, 역사, 과학, 지리, 수학 등을 가르쳤다.

근대화의 물결이 일기 시작하자 고종 황제는 당시 국운을 바로잡는 길은 교육밖에 없다고 생각하고 갑오개혁(1894. 12. 12) 직후인 1895년 2월 '교육입국조서(敎育立國詔書)'를 내렸다. 이는 쇠락하는 국운을 교육의 힘으로 다시 일으키고자 하는 우리나라 교육사상 가장 중요하고 획기적인 사건 중 하나라 할 수 있다. 또 갑오경장 이후에 새로운 교육제도를 실시하면서 신교육을 실시하는 소학교, 중학교, 사범학교, 외국어학교 등 각급 관립학교를 설치하였다.

이상설(1870-1917)[1]의 호는 보재(溥齋, 부재)이다. 그가 신학문 학습에 매진하기 시작한 것은 늦어도 그가 15세 되던 해인 1885년 봄부터라고 알려져 있다. 요즘 15세는 중학생 나이지만, 당시 그는 이미 혼례를 올린 성인으로서 사회적 책임감이 충만한 사대부였다. 당시 그가 공부한 학문은 한문뿐 아니라 수학, 영어, 법학 등이었다. 그는 10년 동안 과거시험 준비를 하면서도 이미 헐버트 등과 교류하며 외국어와 서양 과학책을 구하여 학습하였고 영어, 프랑스어 및 다양한 신학문을 공부했다. 이때부터 그의 명성이 자자해져서 유학을 마친 사람들조차 이상설을 찾아와서 추가강론을 듣는 수준에 이르렀다. 그는 불교, 법률, 정치, 경제, 사회, 수학, 과학, 철학 등 거의 모든 분야에 걸쳐 당대 최고 수준의 학식을 갖추었으며, 일어, 러시아어, 영어, 불어에 능통한 수재였다.[2]

송상도(宋相燾, 1871-1946)의 『기려수필(騎驢隨筆)』[3]에 따르면 이상설은 어려서 배운 유학의 경지가 넓고 깊어 '율곡을 이을 대학자'로 인정

받을 정도였고, 을사늑약 후 고급 관리 자리를 박차고 교육을 통한 구국 계몽운동에 투신하여 학생들을 가르쳤다.

이상설은 헤이그 만국평화회의에 파견된 독립열사 이준, 이위종, 그리고 헐버트를 대표하는 고종의 밀사로 잘 알려져 있지만, 사실 그는 해외 독립운동의 발판을 마련한 독립운동계의 핵심인물일 뿐 아니라, 신구학문의 높은 경지에 이른 학자였다. 이상설의 진정한 선각자적 탁월성은 시국과 사회의 큰 전환을 살피고, 곧 근대사상과 근대학문 전반에 대해서도 거의 독학으로 습득하였다는 점에 있다.[4] 해방 후 대한민국 초대 부통령을 지낸 이시영(1868-1953)의 회고담은 신상자료가 별로 남아 있지 않은 이상설을 이해하는 데 매우 귀중한 자료가 된다. 당시 이상설은 결혼 후 장동에서 현재의 명동성당 북쪽(저동)으로 이사했는데, 이시영의 집과 앞뒷집이 되어 아침저녁으로 만나 친하게 지냈으므로 이시영의 회고담은 믿을 만한 것으로 판단된다.

> 당시 보재(이상설)의 학우는 나와 나의 형인 회영(1867~1932)을 비롯하여 남촌 3대 재능아로 꼽히던 이범세(1874~?), 서만순, 조한평과 한학의 석학인 여규형(1848~1921) 등 쟁쟁한 인재들이었다. 나중에 대부분 정부에서 중추적인 일들을 하게 된 이들 학우들 중에서도 보재는 단연 선생 격이었기에 그 문하생도 7~8명이나 되었으니, 그와 동문수학한 사람들은 17~18명 정도에 이른다.[5]

박규수의 사랑채를 중심으로 모인 유길준, 박영효, 서재필 등이 1870년대를 대표하는 개화 · 개혁의 선두주자였다면, 이들은 1880년대를 대표하는 최정예 차세대 엘리트 집단이었다. 베델(Ernest T. Bethell)[6]이 책임을 맡고 있던 《대한매일신보》는 아래와 같이 그를 신구학문을 모두 겸

비한 당대 제일가는 학자로 평가했다

> 이상설 씨는 대한에서 학문으로 최정상급이니, 일찍이 학문적 소양이 비길 바 없이 뛰어나서 동서학문을 독파했는데 성리문장 외에 특히 정치, 법률, 수학 등 의 학문이 부강의 발판이 되는 학문임을 일찍이 깨달았다.[7]

이외에도 구국계몽운동에 가담했던 이관직(1882~1972)의 『우당 이회영선생 실기』와 박은식(1859~1925)과 장석영(1851~1926), 그리고 중국인 관설재 등이 남긴 이상설 평설의 일관된 요지는 19세기 말 조선에서 법학과 수학에 관해서 이상설이 대가의 경지에 이르렀다는 것이다.

이상설이 수학을 공부한 시기는 한국 수학사적으로 매우 중요한 의미를 지니고 있다. 이 시기가 한국 수학사에서 신구 수학이 양립 · 병행한 중첩의 기간을 공식적으로 결정한다. 고종 25년(1888년)에도 산사 17명을 뽑았다는 기록[8]이 있으니 이상설은 신구 수학 교체의 시기 중에서 신구 수학이 양립 · 병행한 중첩기에 수학을 공부한 셈이다. 인하대 역사학과 윤병석 교수의 논문에 기록된 아래의 평가는 이상설의 수학적 식견의 수준을 가늠할 수 있는 단적인 예이다.[9]

> 특히 수학에 있어서는 이상설이 제1인자로 칭송되고 또한 가장 먼저 학계에 (서구) 수학을 수용한 인물인 것 같다.[10] 그 무렵에 (일본에서 지형 측량을 배우고 돌아온) 남순희(南舜熙)가 수학으로 이름이 높았으나 고등수학에 있어서는 이상설이 독보적인 존재로서 이상설을 능가하지 못했다.[11]

그는 1886~1887년경에 이미 『수리』라는 책을 쓰기 시작한 것으로 알려진다.[12] 윤병석은 1984년 이상설이 1886년과 1887년 사이에 붓으로

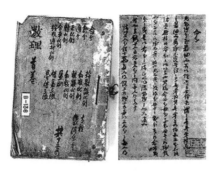

이상설이 지은 『수리』

쓴 수학책 『수리』의 존재를 처음 학계에 알렸다. 한국수학사학회 회원인 오채환 씨를 통해, 이상설 유품의 일부를 소장해 온 부친으로부터 물려받은 중앙대 이문원 명예교수[13]가 이 책을 가지고 계시다고 확인하였다. 이문원 교수의 할아버지는 독립유공자 수당 이남규(李南珪) 선생으로, 1875년 사마시(司馬試)에 합격하여 참판(參判)을 지낸 분이다. 1907년 일본군에게 연행되어 온양까지 끌려가다가 아들 충구와 함께 피살되었다. 이남규의 손자 이승복은 독립유공자 이동녕(李東寧)의 부관으로, 러시아에서 이상설의 임종을 지켜보았고 유품의 일부를 물려받아 (유언에 반하여 일부를 태우지 않고) 그간 보관해 왔다고 하였다. 이승복의 동생(이문원 교수의 작은아버지)이 이상설의 사위였기 때문에 이런 일이 가능했다고 판단된다(예산에 이남규 선생을 기리는 수당기념관이 있다). 이승복은 13살 때 할아버지와 아버지를 여의고 나서 러시아, 만주, 조선 등지에서 활동한 임시정부 산하 비밀 조직인 '연통제'의 요원이 되었으며, 1920년대 후반에 좌우익 세력이 합작하여 결성된 대표적인 항일단체 신간회(新幹會)의 강령을 만든 주역이었다고 한다.

　이상설에게는 아들과 딸이 있었는데, 아들은 월북한 것으로 알려지며 현재는 근황을 알 수 없게 되었다. 이로 인하여 수학 관련 기록을 찾기가 더 어려웠다. 과천의 국사편찬위원회에 보관된『수리』복사본을 분석한 결과,『수리』의 전반부는 중국 근대 수학책『수리정온』을 읽으면서 저자가 새롭게 익힌 내용을 중심으로 발췌한 것임이 파악되었다. 그러나 흥미로운 것은 이 책의 후반부에『수리정온』이나 이전의 다른 조선 산학책에서는 전혀 소개되지 않은 근대 수학의 새로운 개념들이 국내 최초로 소개된 것이다. 특히 주목할 만한 것은 서양에서 사용하던 근대식 수학기호가 처음으로 이 책에 사용되었다는 점이다.『수리』후반부의 내용이 중국이나 일본을 통하여 조선에 들어온 서양 수학이 아니고 선교사를 통하여 들어온 서양 수학을 다룬 것이므로 저자가 헐버트와 교류를 가진 후와『산술신서』(1900)를 저술하기 이전에『수리』를 저술한 것이 된다. 분석에 따르면 붓글씨로 쓴 책『수리』는 이상설이 서양 수학에 대하여 가르칠 수 있는 강의록으로 이해할 수도 있다.

『수리』표지 뒷면에 "戊亥 山房 溥齋 主人 書自 九月七 潮幹"라는 기록이 있다. 앞의 두 글자가 연도를 나타내는 것으로 보면 60갑자 중 12간지 부분만 이어지는 두 해인 '술해'로 나타냈다고 볼 수 있다. 즉 "술(戊)년과 해(亥)년 사이에(1886년 또는 1898년과 1887년 또는 1899년 사이에) 산방(山房)에서 보재가 주인(主人)으로 9월 7일에 후련하게 저술을 마쳤다"고 이해할 수 있다.

1894년 이상설은 25세의 나이로 치른 조선의 마지막 과거의 대과(大科, 문과 고종 31년 갑오[甲吾] 전시[殿試] 병과[丙科] 2위)에서 급제[14]하여 한림학사에 제수된 후 이어 세자시독관[15]이 되었다. 이 과거에는 1882년에『수학정경절요괄집(數學正徑節要括集)』을 저술한 36세의 안종화(安鍾和, 1860~1924)와 프랑스 유학을 마치고 상하이에서 김옥균을 암살하고 귀국한 홍종우[16]도 같이 합격하였다. 이승만[17]과 김구가 같이 시험을 치르고 낙방한 조선의 마지막 대과 과거에서 이상설이 급제를 한 것이다.[18] 과거에 합격한 이상설에게 탁지부 재무관 등의 벼슬이 주어졌으나 이상설은 관계(官界)에 나가지 않고 혼란한 시국을 우려 속에서 관망하며 한동안 학문에만 전념하였다. 그 후 이상설은 성균관 교수, 성균관 관장(1895)을 맡았다. 이어 한성사범학교 교관·궁내부 특진관·학부 협판·법부협판 등을 거쳤다. 그러나 일제의 식민지 침략 야욕이 심해지자 이에 대항하며 1904년 항일구국운동을 위한 대한협동회가 조직되자 이상설은 회장으로 추대된다. 1907년 헤이그 평화회의에 대동한 이준은 당시 부회장을 맡았고, 평의장에 이상재(李商在)[19], 서무부장은 이동휘(李東輝)[20], 편집부장은 이승만이 맡았다.

1895년 성균관장으로 부임한 이상설은 우리나라 최초로 성균관 경학과 교과과정에 수학과 과학을 필수과목으로 지정하였다. 이것은 수학교육이 전문가에게만이 아니라 모든 국민을 대상으로 다루어지게 된 역사적인 사건이다. 이상설은 성균관에 교수임명제, 입학시험제, 졸업시험제를 실시하고, 학기제와 주당 강의시간수를 책정하는 등 제도상 근대적인 개혁을 단행하였다. 이로써 조선 시대 최고 국립교육기관인 성균관은 근대대학으로 전환을 맞게 된다. 『수리』를 저술한 이상설은 이규환의 요청으로 저자가 명시된 학부의 첫 번째 수학 교과서 편찬 시에 수학 교과서 저술 의뢰를 받았다. 요청을 받은 이상설이 자신의 책 서문에 밝혔듯이 일본 수학자 우에노 기요시(上野淸)가 서양 수학책을 참고하여 일본어로 편집하고 교열한 『근세산술』 상권, 중권을 중심으로 하여 그 내용을 한글로 번역하고 조선의 상황에 맞게 대부분의 문제를 바꾸고 고치고, 필요한 설명을 붙여 1900년 7월 20일 발간한 책이 교과서 『산술신서(중등수학)』 상 1권, 2권이다.

이 책은 현존하는 저자가 명시된 대한제국 최초의 근대 수학 교과서이며 동시에 한성사범학교에서 예비교사 교육용으로 쓰였듯이 순환소

산술신서(算術新書), 1권

수, 순열 등을 포함하는 책으로 이후 나오는 많은 초등학교 입문 수준
의 책과 차별화된 조선어 수학책으로 볼 수 있다. 이상설은 수학 교과과
정을 만들고, 강의록을 만들었으며, 그 수학을 가르칠 교사를 위한 수학
교과서를 만들고, 또 실제 가르치면서 한국근대사의 첫 수학교육자로서
의 역할을 맡았던 셈이다.

1904년 일제가 황무지개척권을 요구하는 야욕을 드러내자 이상설은
이 요구의 침략성과 부당성을 들어 이를 반대하는 상소를 올리고 완강
히 저항하여, 결국 이를 저지시키는 데 성공했다. 그는 1905년 학부협판
과 법부협판을 역임했으며, 11월 초 의정부참찬(議政府參贊)에 발탁되었
다. 1905년 11월 이완용(李完用)·박제순(朴齊純) 등 을사5적(五賊)[21]의

일제의 황무지개척권 요구를
반대하며 올린 상소문

찬성으로 을사늑약이 체결되었을 당시, 그는
대신회의의 실무 책임자인 참찬이었지만 일본
의 제지로 참석하지 못하였다. 이 조약이 고종
의 인준을 거치지 않은 사실을 알고 순사직(殉
社稷) 상소를 올려 고종은 사직(社稷)을 위해 죽
을 결심으로 5적을 처단하고, 5조약을 파기해
야 한다고 주장하는 상소를 다섯 차례나 올렸

다. 한편, 조약 체결 직후 조병세(趙秉世)·민영환(閔泳煥)·심상훈(沈相薰) 등 원로대신들을 소수(疏首)로 백관의 반대 상소와 복합항쟁(伏閤抗爭)을 벌이도록 주선하였다. 이상설은 11월 말 민영환의 자결 소식을 듣고 종로에 운집한 시민들에게 울면서 민족항쟁을 촉구하는 연설을 한 뒤 자결을 시도했으나 주변 시민들에 의해 목숨을 지켰다.[22]

1906년 4월 마침내 조선통감부가 설치되자 나라의 운명에 초연할 수 없었던 그는 본격적으로 항일독립운동에 투신하였다. 1904년 6월 박승봉(朴勝鳳)과 연명으로 일본인의 전국 황무지개척권 요구의 침략성과 부당성을 폭로하는 「일인요구전국황무지개척권불가소(日人要求全國荒蕪地開拓權不可疏)」를 올렸다. 고종은 이 상소를 받아들여 일본의 요구를 물리쳤다고 한다. 그해 8월 보안회의 후신인 대한협동회의 회장에 선임되었다. 이 후 국권을 찾지 못하면 다시 고국 땅을 밟지 않겠다고 결심하여 살던 집을 포함하여 모든 재산을 처분하고 그 돈을 독립운동 자금으로 삼아 항일투쟁과 인재 양성을 위해 이동녕·정순만(鄭淳萬) 등과 함께 인천항에서 중국 상선에 올라 상하이로 갔다. 그 곳에서 러시아 블라디보스토크를 거쳐 8월 북간도 용정촌에 도착했다. 당시 용정을 비롯한 북간도는 일제의 감시로부터 비교적 자유로웠기 때문이었다. 용정촌은 당시 일제의 탄압과 가난을 피한 조선인으로 가득한 곳이었다. 그곳에서 그는 을사늑약 이후 만주로 망명하기 시작한 동포들의 교육을 위하여 북간도 최초의 근대교육기관인 '서전서숙(瑞甸書塾)'을 설립[23]하면서 교육구국운동에 전념한다.

이상설이 사비로 구입한 학교 건물은 용정의 기독교 인사인 최병익의 집으로, 학교는 처음에 학생 22명으로 출발하였다. 초대 숙장은 이상설이, 운영은 이동녕·정순만 등이 맡아보았으며, 교사는 이상설·여조현·김우용·황달영 등이었다. 교사의 월급·교재비·학생의 학용품

등 일체의 경비는 이상설이 사재로 부담하는 완전 무상교육이었다. 교과목은 역사 · 지리 · 수학 · 정치학 · 국제공법 · 헌법 등 신학문을 가르쳤다. 설립 초기에는 고등반인 갑반과 초등반인 을반으로 나누었으며, 그 뒤에는 세 반이 되어, 갑반에 20명, 을반에 20명, 병반에 34명으로 분반하여 교육을 실시하였다. 당대 최고의 수학자로 평가받는 교사였던 이상설은 자신이 세운 민족교육요람의 갑 · 을 · 병 세 학급 가운데 상급반인 갑반에서 자신이 직접 쓴 수학책 『산술신서 상(1, 2권)』을 가르쳤다. 황달영은 역사와 지리, 김우용은 산수를 가르쳤다. 또 여조현은 한문, 정치학, 법학 등을 지도했다. 이상설은 근대사의 첫 수학 교과서 저자와 수학교육자로서의 역할을 맡았던 셈이다. 용정촌에는 현재 이상설의 기념 정자를 세워 '이상설 정자'란 현판이 붙어 있다. 그러나 1906년 간도행이 영원히 고국으로 돌아올 수 없는 운명이 될 줄은 아마 그도 몰랐을 것이다.[24]

일제의 침략야욕에 마주 선 고종은 교육구국운동에 전념하던 이상설에게 1907년 다음과 같은 소임의 임명장을 보냈다.

> 대 황제는 칙(勅: 황제의 명령을 적은 문서)하여 가로되 아국의 자주독립은 이에 천하열방(天下列郭 :세계 여러 나라)의 공인하는 바라…… 이에 여기 종이품 전 의정부 참찬 이상설, 전 평리원 검사 이준, 전 주 러시아공사관 참서관 이위종을 특파하여 네덜란드 헤이그 국제평화회의에 나가서 본국의 모든 실정을 온 세계에 알리고 우리의 외교권을 다시 찾아 우리의 여러 우방과의 외교관계를 원만하게 하도록 바라노라. 짐이 생각건대 이번 특사들의 성품이 충실하고 강직하여 이번 일을 수행하는 데 가장 적임자인 줄 안다. 대한 광무 11년 4월 20일 한양 경성 경운궁에서 서명하고 옥새를 찍노라.[25]

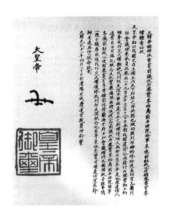

고종 황제의 칙서

이상설은 1907년 4월 고종의 칙서를 들고 용정으로 온 이준을 만나 함께 시베리아를 거쳐 1907년 7월 2차 만국평화회의가 열린 헤이그에 도착한다. 헤이그에서 이상설은 특사의 대표로 "고종이 서명하지 않은 서류에 근거한 을사늑약은 무효이며, 국제법에 어긋나게 일제가 1905 년 강제로 조선의 외교권을 피탈하고 자주권을 강탈한 후, 조선을 식민 지화 하려하니, 이를 공동으로 저지하자"는 주장을 편다. 그러자 곧 일 제의 조선통감부는 이상설에게 궐석재판으로 사형을 선도하고 체포령 을 내린다. 이준과 이위종에게는 무기징역을 선고하고, 이어서 1907년 7월 18일 고종을 폐위시킨다. 이에 이상설은 귀국을 미루고 북간도와 러시아의 국경에서 독립운동에 매진한다. 일제의 조선통감부가 이상 설에게 사형을 구형한 후, 이상설의 수학 교과서 『산술신서』는 금서에 가까운 대우를 받다가 1910년 한일병탄 후에는 모두 수거되어 흔적도 찾을 수 없게 되었다.

이상설이 헤이그 만국평화회의에 참석하기 위하여 블라디보스토크 로 떠나자 서전서숙은 재정난을 겪게 되었다. 곧이어 조선통감부 간 도 출장소가 설치되어 일제의 감시와 방해가 심해지며 학교 운영이

어려워진다. 이어 계속된 일제의 탄압으로 서전서숙은 결국 문을 닫게 된다.

이후 교육계몽사업을 뒤로하고 직접적인 항일 독립투쟁에 매진하게 된 이상설은 1908년부터 미국에 1년 동안 머무르면서 대한제국의 독립지원 호소를 계속하였다. 또한 각지의 교포를 설득해 독립운동의 새로운 계기를 만드는 데 힘썼다. 또한, 1908년 8월 콜로라도 주 덴버 시에서 개최된 애국동지대표자회의에 이승만과 함께 연해주 대표로 참석하였다. 1909년 4월 국민회 총회장 최정익(崔正益) 등과 국민회의 제1회 이사회를 열고 구체적 사업을 결정한 다음, 정재관(鄭在寬)과 연해주로 떠났다. 블라디보스토크에서 이승희(李承熙)·김학만(金學萬)·정순만 등과 싱카이 호수 남쪽 봉밀산(蜂密山) 부근에 땅 45방(方)을 사서 100여 가구의 한국 교포를 이주시키고, 최초의 독립운동기지라 할 수 있는 한흥동(韓興洞)을 건설하였다. 국내외 의병을 통합해 보다 효과적인 항일전을 수행하고자 1910년 6월 유인석(柳麟錫)·이범윤(李範允)·이남기(李南基) 등과 연해주 방면에 모인 의병을 규합해 13도의군(十三道義軍)을 편성하였다. 유인석과 상의하여 그해 7월에는 전 군수 서상진(徐相津)을 본국에 보내어 고종에게 13도의군 편성, 군자금의 하사와 고종의 아령파천(俄領播遷)을 권하는 소를 올려 망명정부의 수립을 기도하였다.

1910년 8월에 국권이 상실되자, 연해주와 간도 등지의 한족을 규합, 블라디보스토크에서 성명회(聲明會)를 조직하였다. 그런데 9월 일제와 교섭한 러시아에 의해 연해주 우수리스크로 추방되었다가 다시 블라디보스토크로 왔다. 1911년 김학만·이종호(李鍾浩)·정재관·최재형(崔在亨) 등과 권업회(勸業會)를 조직해 회장으로 선출되었으며,《권업신문》의 주간을 맡기도 하였다. 1913년 이동휘·김립(金立)·이종호·장기영(張基永) 등과 뤄쯔거우에 사관학교를 세워 광복군 사관을 양성하였다. 1914년 러일전쟁 5주년 기념일을 기하여 수립된 대한 광복군정부의 정통령에 선임된다. 1915년 3월경 상하이 영국 조계지에서 박은식(朴殷植)·신규식(申圭植)·조성환(曺成煥)·유동열(柳東說)·유홍렬(劉鴻烈)·이춘일(李春日) 등의 민족운동자들이 화합해 신한혁명단(新韓革命團)을 조직해 본부장에 선임되었다. 그는 만주, 러시아, 유럽과 미주 지역을 넘나들며 교육기관을 설립하고, 망명정부를 수립하였으며, 조국 독립의 당위성을 알리는 외교적 노력과 해외 독립운동단체의 조직화에 힘썼다. 그러나 결국 조국의 독립을 보지 못하고 1917년 3월에 러시아 연해주의 니콜리스크에서 48세를 나이로 파란 많은 일생을 마쳤다. 이상설에게는 수학교육자 및 독립운동가로 1962년 건국훈장 대통령장이 추서되었으며,[26] 2005년 국가보훈처는 그를 12월의 독립운동가로 선정하였다.[27]

연해주에서 눈을 감으면서 그는 민족의 장래에 대해 우려했다. 죽음이 임박하자 자신의 모든 것을 모아 불태우고, 자신의 주검을 화장하여 뿌려달라고 부탁했다는 기록이 있다. 대부분의 경우 우리 역사는 이상설의 일생을 독립운동가로만 기록한다. 저자가 직접 방문한 만주 용정시 대성중학 역사전람관에도 수학교육자로서의 이상설의 면모는 소개되어 있지 않았다. 이와 같이 오랫동안 이상설의 수학 관련 업적을 포함한 구체적인 행적 전반이 거의 드러나지 않게 된 데는 특별한 이유가 있다. 독립운동으로 일제의 궐석재판에서 교수형을 선고받은 그는 주위의 독립운동가들이 피해를 입지 않도록 자신이 관여한 일체의 행적을 은폐해야 했기 때문에 자신이 아끼는 모든 것을 불태워버린 탓이다.

이상설은 당대를 대표하는 유학자이면서도 우리나라가 선진국가로 발전하기 위해서는 서양의 과학, 특히 근대 서양 수학의 도입이 필요하다는 판단 아래 스스로 근대 서양 수학을 독학으로 학습하여 강의하고,

수학 교과서를 저술했다. 1895년 고종의 교육조서를 받들어 수학 과목을 정식으로 관립교육기관의 교과과정에 도입하는 등 중요한 업적을 이루었다. 과학사학자 박성래 교수는 2004년 이상설을 '한국 근대 수학 교육의 아버지'라고 평가하였다.[28]

　수학자 또는 수학교육자로서 이상설에 대하여는 그 이후에야 알려지기 시작하였다. 2007년 '이준 열사 순국 100주년 기념학술대회'에서 오영섭 연세대 연구교수는 "안중근 의사가 가장 존경한 인물이 최익현과 이상설이라고 했다"는 점을 강조했다.[29] 이처럼 안중근이 이상설을 특별히 존경한 배경에는 이상설의 남다른 교육철학과 활동이 있다고 판단된다. 안중근이 1909년 10월 26일 이토 히로부미를 처단하고 공판정에서 재판을 받으면서 열거한 이토의 15개의 죄목에 "교육을 방해한 죄, 한국인들의 해외유학을 금지시킨 죄, 교과서를 압수하여 불태운 죄"라는 교육 관련 죄목이 3가지나 되는 점은 이를 뒷받침한다.[30] 이상설은 근대 수학을 깊이 이해한 선각자이고, 특히 한국의 정규 고등교육과정에 최초로 수학을 필수과목으로 도입한 인물이며, 근대 수학 교과서를 최초로 발간한 탁월한 수학교육자였다는 사실을 상기하여야 할 것이다.

　이상설이 떠난 지 반세기가 지난 뒤 충북 진천에 있던 이상설의 생가가 복원되고, 이상설을 독립운동사의 한 페이지를 장식하는 한국 독립운동의 큰 재목으로 꼽게 되었다. 그러나 한국 역사에서 그의 진정한 선구자 역할은 한국 근대 수학교육의 시작에 있는 것이다.[31]

충북 진천 숭렬사, 이상설 기념관

이상설이 붓으로 쓴『식물학』[32],『화학계몽초』,『백승호초』등의 발굴과 분석이 이루어지면서, 한국과학사에서 이상설의 역할도 다시 조명받고 있다. 동시에 이상설의 동생 이상익도 형의 영향으로 수학교사가 되어 휘문관(徽文館)에서 1908년『초등근세산술(初等近世算術)』[33], 1909년에는『근세대수(近世代數)』를 저술하였다. 또한 보성중학교 교감, 한성사범학교 교관, 경성군 함일학교 교사, 공수학교 학감을 역임하였다. 1906년 7월 5일《황성신문》3면에는 이상설의 동생인 이상익과 3인이 익동(현재 종로구 익선동)에 산술전문학교를 세워 학생을 모집한다는 광고가 있다. 후에 이상익은 독립 계몽운동에 앞장서『월남망국사』등을 번역하였다.

이상설 연대표

1870년(고종7년)   충북 진천 출생(진천군 덕산면 산척리 산직말) 부: 경주 이씨 행우, 모: 벽진 이씨

1877년   서울 이용우 선생의 양자로 입양됨.

1886~87년   『수리』를 쓰기 시작함.

1888~89년   『수리』 저술을 마침.

1894년   갑오문과에 급제(이승만, 김구와 함께 응시). 세자시독관, 비서감 비서랑에 임명.

1896년   성균관 교수 겸 관장, 한성사범학교 교관, 탁지부 재무관 등 역임, 궁내부 특진관에 승진.

1900년   중등교과서『산술신서』상권 1, 2 편역.

1904년   박승봉과 연명으로 황무지개척에 반대하여 '일인요구 전국황무지

개척불가소'를 올림, 대한협동회 회장(이준은 부회장, 평의장에 이상재, 서무부장은 이동휘).

1905년 학부협판, 법부협판 역임, 의정부참찬 발탁, 을사조약 상소, 관직 사퇴, 자결시도.

1906년 4월 조선통감부가 설치되자, 6월 이동녕, 정순만과 같이 북간도 용정으로 망명, 서전서숙 설립.

1907년 이준, 이위종을 대동하고 헤이그에 고종의 특사로 파견됨. 공고사 투고, 일제의 사형선고 받음.

1908년 미국 덴버에서 열린 애국동지대표자회의에 이승만과 같이 참가.

1909년 국민회 총회장 최정익과 국민회의를 열고 연해주로 망명, 독립 운동기지인 한흥동 건설.

1910년 13도의군 편성, 블라디보스토크에서 성명회 조직.

1911년 김학민, 이종호, 정재관, 최재형 등과 권업회 조직.

1913년 이동휘, 김립, 이종호, 장기영 등과 나자구에 사관학교 설립.

1914년 이동휘, 이동녕, 정재관 등과 중국과 러시아에서 대한광복군정부 설립, 상하이 영조계에서 박은식, 신규식, 조성환, 유동열, 유홍렬, 이춘일 등과 신한혁명단 조직.

1917년 니콜리스크에서 사망, 모든 소장품과 함께 화장.

2005년 12월의 독립운동가로 선정(국가보훈처).

관립학교에 최초로 서양 근대 수학 도입

헐버트

Homer B. Hulbert, 1863~1949

1882년 조미수호통상조약의 체결로 1883년 주한 공사 푸트(L. H. Foote)가 조선에 부임하였다. 이에 고종 황제는 임오군란 이후 비대해진 청나라의 세력을 견제한다는 뜻에서 1883년 5월 정사(正使)에 민영익(閔泳翊), 부사(副使)에 홍영식(洪英植), 서기관은 서광범(徐光範), 수행원은 변수(邊樹, 메릴랜드주립농과대학 졸업, 한국인 최초의 미국 대학 졸업생, 졸업 4개월 후 1891년 10월 열차 사고로 사망) · 유길준(兪吉濬, 1856-1914, 1881년 5월 신사유람단의 일원으로 일본에 건너가 게이오의숙에서 공부한 최초의 조선인 일본 유학생-한국 최초의 국비유학생) 등 개화파 인사들을 모아 친선 사절단을 서구 세계에 파견하였다. 고종은 사절단의 제안에 따라 주한미국공사 푸트를 통하여 미국 정부에 유능한 영어 교사를 요청하였다. 미국 정부는 조선에 파견할 미국인 교사 선발을 내무성 교육국 국장 이튼(J.

Eaton)에게 의뢰해 뉴욕의 유니온신학대학원(Union Theological Seminary) 졸업반인 헐버트(訖法, Homer B. Hulbert, 1863~1949, 1884년 다트머스대 졸업)·길모어(吉毛, Gilmore, 1857~?, 프린스턴대 졸업)·번커(房巨, Bunker, 1853~1932, 1883년 오하이오 오벌린대 졸업, 1892년 아펜젤러를 이어 배재학당의 2대 학당장)를 교사로 선발해서 조선에 파견하였다. 그중 한 명인 헐버트는 1863년 미국 버몬트 주 미들베리대 총장이자 목사인 아버지와 미국 동부의 명문 다트머스대 창립자의 증손녀인 어머니 사이에서 둘째 아들로 태어났다. 그는 다트머스대학을 졸업하고 뉴욕에 있는 유니온 신학대학원을 다니던 중 추천을 받아 1886년 7월 4일 육영공원 교사로 한국 땅을 밟았다.

육영공원은 조선 후기 한국 최초의 근대식 공립교육기관이다.[34] 1886년(고종 23년) 좌원(左院)·우원(右院) 두 반으로 나누어 설치하고, 길모어, 번커, 헐버트 등에게 신식교육을 맡겼다. 좌원에는 나이 젊은 문무 관리 중에서 일부를 뽑아 입학시켜 통학하도록 하였고, 우원에는 15~20세 사이의 양반자제를 뽑아 기숙하게 하여 교육시켰다. 교과내용은 독서·습학·외국어·수학·자연·과학·지리·역사·정치학·국제법·경제학 등이었으며, 일부는 시행되지 않았다. 처음에 서울 정동에 설립하였으나 1891년 전동으로 이전하였다. 육영공원은 1889년까지 입학생 총수가 107명이었으며 우리 교육이 근대적인 신교육으로 전환하고 발전하는 교량적 역할을 하였다. 후에 1894년 한성영어학교로 개편되어 폐지되었다.

헐버트는 선교사이기도 했지만, 미국 정부가 추천한 유능한 교육자였다. 그는 1886년부터 육영공원에서 영어뿐만 아니라 수학, 자연과학, 역사, 정치를 가르쳤다. 그는 조선의 정규 관립학교에서 최초로 근대식 수학교육을 시작하였는데, 이때 비로소 4칙계산을 넘어서는 수준 있는 서양의 근대 수학과 자연과학이 한국에 소개되었다고 볼 수 있다. 헐버트는 육영공원에서 재직하는 5년 동안 조선에 근대식 학교의 틀을 잡으면서 열심히 학생들을 가르쳤다. 아울러 『사민필지』라는 우리나라 최초 한글 교과서를 저술했다. 이 책은 천문, 세계지리 및 각 나라의 정부형태, 사회제도 등을 총망라해서 서양세계를 알리는 우리나라 최초의 사회지리총서로, 모두 한글로 썼다. 헐버트는 『사민필지』 서문에서 우리나라 사람들이 특히 상류층에서 어려운 한문만을 쓰고 오히려 편하고 쓰기 쉬운 한글을 업신여김에 한탄을 한다. 헐버트는 한글의 독창성, 과학성, 간편성을 발견하면서 한글에 대한 논문을 발표하고 한글애용과 띄어쓰기를 적극 주장했다. 제자인 주시경 선생과 함께 띄어쓰기를 강조하였으며, 서재필 박사와 함께 우리나라 최초의 한글신문 《독립신문》 창간을 도와 영문판 주필을 담당하였다.

1891년 헐버트는 육영공원 교사직을 사임하고 유럽을 거쳐 미국으로 귀국하였다. 헐버트는 미국에 돌아간 후 1892년 오하이오 주 퍼트냄 사관학교에서 교수로 재직하며 조선에 관한 문필 생활을 계속한다. 그러던 중 한국에서 일시 귀국한 아펜젤러 목사를 만나 다시 조선에서 봉사할 것을 권유받고 1893년 9월에 가족과 함께 감리교 선교사로서 조선에 재입국하였다. 헐버트는 1897년 다시 조선 정부와 계약을 맺고 한성사범학교 책임자가 되며 대한제국의 교육고문이 된다. 이어서 1900년 관립중학교(경기고등학교 전신)로 옮겨 학생들을 가르친다. 그는 유창한 한국어 실력으로 배재학당에서 교사로 일할 것을 권유받았으며, 감리교 출판사인 삼문(Trilingual) 출판사도 운영하였다.

이를 통해 수많은 선교 관련 문서뿐만 아니라 독립신문의 영자판, 한국의 문화와 정세를 소개한 《조선평론(The Korea Review)》을 1901년부터 1906년까지 발행하면서 일본의 야심과 야만적 탄압행위를 폭로한다.

위 1897년 한성사범학교 교사 헐버트(왼쪽 첫 번째)
아래 1902년 관립중학교 교사 시절의 헐버트

1903년에는 미국의《스미소니언 학회지(Smithsonian Institute)》에 한글의 우수성에 대하여 기고하면서 한글이 대중의 의사소통 매개체로서 영어보다 우수하다고 극찬한다. 또한 한성사범학교와 관립중학교에서 학생들을 가르치며 우리나라의 한글 보급과 근대교육에 앞장섰다. 또『대한역사』 등의 교과서를 집필하는 등 우리나라 교육 발전에 크게 이바지한다.

아울러 을사늑약 직후에는 우리 국민들에게 "교육만이 살길이다"라고 외치면서 교육을 통해 일본을 이겨야 한다고 역설한다. 그는 '헐버트 교육 시리즈(Hulbert's Education Series)'를 편성하여 1908년까지 수학책을 포함하여 모두 15권의 한글 교과서를 펴냈다. 그가 기획한 교과서 프로젝트인 '헐버트 시리즈'는 조선의 교과서 시스템을 마련하여 우리나라 근대교육의 기틀을 다지는 데 기여하게 된다. 1906년에는 아처(Archer)의 도움으로《세계지리관보(Geographical Gazetteer of the World)》라는 이름의『사민필지』수정판이 헐버트 교육 시리즈 2권으로 출간되었다. 또한 헐버트는 수학 외에도 아리랑을 비롯해 한국 전통 음악에도 관심이 많았다. 1896년 헐버트가 저술한「한국의 성악(Korean Vocal Music)」이라는 논문을 통하여 아리랑을 역사상 최초로 연구하였으며, 이는 아리랑을 세계에 널리 알리게 되는 초석이 되었다.[35]

을사늑약을 전후하여 조선에 대한 일본의 야욕이 점차 노골화하자 그는 조선의 독립과 운명에 눈길을 돌리게 된다. 고종 황제는 조선의 비운과 국권 위협의 상황을 세계의 모든 나라에 간곡하게 전달할 사절단이 필요하였다. 헐버트는 고종 황제로부터 밀사 요청과 친서를 받고 1905년 을사늑약 직전 미국의 루스벨트 대통령을 방문하였다. 미국 국무성과 백악관이 고종 황제의 친서를 받지 않자, 미국 정부와 민간, 언론에 직접 조미수호통상조약에 의거해 미국이 한국을 도와 일제의 침략 야욕을 저지해야 한다고 호소한다.

이어서 그는 고종 황제에게 만국평화회의 특사파견을 건의하였으며, 1907년 헤이그 만국평화회의를 위한 특사로 임명된다. 고종과의 대화를 통역하기도 했던 이상설과 깊은 교류를 통하여 서양 수학과 과학에 대한 자료를 제공하였다. 이것이 이상설에게 한반도에 모든 학생을 대상으로 하는 근대식 수학교육의 필요성을 인식하게 한 계기였다고 여겨진다. 더구나 헤이그에서는 고종의 정사로 간 이상설보다 먼저 조선을 떠나 일본, 블라디보스토크를 거쳐 헤이그에 도착했으며, 이상설, 이준, 이위종 특사들을 마중하고 활동을 도왔다.

헐버트는 1907년 7월 헤이그에서 《회의시보(Courier de la Conference)》에 조선 대표단의 호소문을 싣게 하고, 을사보호조약이 일본의 강압에 의한 것임을 각국 대표에게 알리면서 한국 대표의 본회의 참석을 위해 각 방면으로 노력하였다. 특히 헤이그 평화클럽(Peace Club)에서 일본의 부당성을 성토한다. 이때 헐버트 박사는 일제의 야만적인 문화재 약탈 사건을 예로 든다. 이것이 일제의 '경천사 석탑(우리나라 국보 제86호) 약탈 사건'이다.

일본 궁내부대신인 다나카 미쓰아키는 1907년 1월 황태자 순종(純宗)의 결혼식에 축하사절로 참석하기 위해 한국에 왔다. 그리고 한국의 기념물을 일본으로 가져가고 싶어 했다. 그리하여 한국 문화재에 대해 잘

아는 일본인들과 상의한 결과, 개성군 풍덕면에 있는 경천사 10층 석탑의 가치를 알아차렸다. 다나카는 이 탑을 일본에 가져가기로 결심하고, 고종을 알현하여 석탑을 달라고 요청했다. 경천사 석탑은 중국 왕실이 고려에 선물한 것으로 알려진 탑으로, 1층 몸돌에 고려 충목왕 4년의 기록이 있어 1348년에 세워진 것으로 추정되는 유서 깊은 문화재이다. 고종은 "이 탑이 자신의 것이 아니라 온 백성 전체의 것이고 훌륭한 문화유산이기에 다른 곳으로 옮길 수 없다"고 다나카의 청을 거절했다. 그러나 다나카는 무단으로 85명의 일본군을 보내 석탑을 뜯어내어 우마차에 싣고 일본의 자신의 집 정원으로 가져가 버렸다.[36]

일본 축하사절이 이런 어이없는 일을 벌인 것이다. 헐버트는 이 소식을 듣고도 차마 믿을 수 없어 직접 풍덕면으로 달려가 확인한다. 그곳에는 우마차 자국만 남아 있고 탑이 있던 자리는 텅 비어 있었다. 헐버트는 사진을 찍고, 현장을 목격한 주민들을 만나 자세한 실상을 파악했다. 특히 석탑을 옮길 때 전문가가 아닌 초보자들이 성급하게 헐어서 돌 파편이 현장에 수북하였다. 현장을 답사한 뒤 헐버트는 바로《저팬 크로니클(Japan Chronicle)》이라는 신문에 석탑이 있었던 현장 사진과 함께 사건 내용을 담은 글을 게재했다.

이 사건이 신문에 보도되자 일본 여론은 사실이 아닐 것이라고 했다. 다른 신문인《저팬 메일(Japan Mail)》은 일본 특사는 절대 그런 야만적 행위를 하지 않는다면서 사실조차 부정했다가 결국 진실이 밝혀지자 매우 당황한다. 그러면서도 이 사건은 사소한 일이라고 하면서 얼버무렸다. 일본 정부 역시 처음에는 이것은 한국의 무책임한 모험가들이 한 짓이라고 사실을 부정했다가 진실이 밝혀지자 역시 당황해하면서도 실제 별다른 조치를 취하지 않았다. 헐버트는《대한매일신보》의 베셀(Bethell)과 함께 이 사건을 일본의 불법성을 나타내는 하나의 증표로서 국제적인 여론을 환기시키기 위해 《뉴욕포스트》 등의 국제 신문에 기고했을 뿐만 아니라 만국평화회의가 열리고 있는 헤이그에서도 이 사실을 폭로했다.

여론이 불리해지자 일본은 결국 이 석탑을 1918년 조선으로 다시 돌려보낸다. 그러나 일제는 돌아온 이 귀한 석탑을 전혀 관리하지 않고 1945년 광복 때까지 경복궁 근정전 회랑에 분해한 채 방치해 둔다. 이 석탑은 6·25 전쟁 후 1959년 경복궁 내 전통공예관 앞에 설치된 후, 2005년 용산 중앙박물관 개관과 함께 국립중앙박물관 홀에 원래의 아름다운 모습으로 다시 세워졌다. 강제로 고종을 양위시킨 조선통감부는 조선에 대한 헐버트의 애정과 활동 때문에, 헐버트를 친한파 선교사로 주목했고 1908년 조선에서 추방한다. 그리고 1910년 일제는 조선을 식민지로 삼는 한일병탄을 단행하였다.

헐버트는 고종이 상하이 독일은행에 맡겨둔 100만 마르크 이상의 대한제국 황실의 독립용 비자금(내탕금) 회수를 위해 전력하였으며 목사와 교수로서 문필 생활과 강연을 통해 한국의 독립과 문화를 지속적으로 알렸다. 조선에 대한 그의 관심과 사랑은 조선에서 추방된 후에도 식지 않았다. 그는 1908년 미국 매사추세츠 주 스프링필드에 정착하면서 조선에 관한 글을 꾸준히 썼다. 1919년 한국에서 3·1운동이 일어나자 곧 이를 서재필 박사와 함께 서방 세계에 보고하기도 하였으며 이후 재미 한인들의 집회에 참여하여 한국의 독립을 격려했다. 1942년에는 서재필, 이승만 등과 함께 워싱턴의 한국승리연합의 일원으로 참여한다. 그는 해외의 조선유학생을 도와주며 조선 독립을 위해 노력을 다하였다.

드디어 1949년 8월 15일 광복절에 맞춰서 이승만 대통령이 헐버트를 한국에 초청한다.[37] 그는 86세의 노구를 이끌고 63년 전 자신이 왔던 길을 따라 태평양을 건너 제물포에 발을 디딘다. 헐버트는 한국 땅을 밟는

헐버트 박사의 묘비, 1999년 김대중
대통령의 휘호

것에 너무 감격하여 눈물을 흘리지만 한 달간의 지친 여정의 피로를 이기지 못하고 도착한 지 일주일 만에 청량리 위생병원에서 사망한다. 대한민국 정부는 외국인 최초의 사회장으로 헐버트 박사의 영결식을 거행하고, 그가 평소 "나는 웨스트민스터 사원보다 한국 땅에 묻히기를 원하노라(I would rather be buried in Korea than in Westminster Abbey)"[38]라고 소원한 대로 양화진 외국인 묘지에 안장하였다.

대한민국 정부는 1950년 3월 1일 헐버트 박사에게 건국공로훈장 태극장을 추서했다. 헐버트의 저서로『대동기년(大東紀年)』(5권),『대한제국 멸망사(The Passing of Korea)』등이 있다.

한국인 최초의 수학학사

유일선

柳一宣, 1879~1937

조선 후기에 선교사들에 의하여 서양 수학이 잇달아 도입되고, 갑오교육개혁 이후 근대식 학교들이 설립되면서 각급학교에서 수학 과목을 교육하였고, 많은 우리말 수학 교과서들이 발간되기 시작하였다. 이 시기에는 수학교사로 이상설·이상익·남순희 등이 유명하였고, 이어서 유일선이 탁월한 수학교사로 활약하였다.

갑신정변 뒤 일본에 머물다 돌아와 내무대신을 맡고 있던 박영효는 일본 유학생 파견을 주도했다. 김홍집 내각이 책정한 1896년 예산 중에 관비 유학생비는 4만426원으로 학부 전체 예산 12만 원의 약 3분의 1에 이르렀다. 유학생비 중 의화군(고종의 5남, 1877~1955)과 이준용(고종의 조카, 1870~1917)의 유학비 9000원을 제외한 3만 원가량이 실제 유학생 자금으로 1인당 연간 300원으로, 150여 명에게 각각 월 15원 정도를 지불하였다. 내무대신 박영효에 의해 진행된 이 관비유학생 선발과 파견의 특징은 의학, 상업, 군사, 기술 분야의 인재를 양성하기 위한 것이었다. 유학생 파견의 실무를 담당했던 학부는 한문 시험과 체격 검사를 통해 응시자 400여 명 중에서 114명을 선발했다. 공개 선발 형식을 갖추었지만, 개화파 관료들과 연관된 사람들이 적지 않았다.

1895년 7월 정부와 게이오의숙 사이에 맺어진 '유학생 감독 위탁계약'에 의하면, 조선 정부가 지불하기로 약속한 유학생 학자금 중 2원은 게이오의숙 감독비, 5원은 식비, 5원은 피복비 및 의약비, 3원은 필묵비였다고 한다. 이 중 남순희는 1887년에 생긴 사립 공업실업학교인 도쿄 공수학교(工手學校, 현재 고가쿠인대학)에서 측량을 공부히었다. 1896년 2월 아관파천 이후 박영효가 실각하고 일본으로 망명하자, 새 내각은 일본으로 간 관비유학생들을 역적의 손으로 파견된 유학생으로 취급하였고 결국 많은 학생들이 졸업도 못한 채 조선으로 돌아왔다. 이범수, 여병현, 임병구, 안정식 등 유학생 6명은 미국으로 떠났는데, 특히 유학생 친목회 회계였던 이범수는 공금 423원을 빼돌려 가지고 갔다. 이범수, 여병현, 임병구, 안정식은 서광범 공사의 도움으로 워싱턴 D.C.에 위치한 흑인을 위한 학교인 하워드대학에서 유학한다. 이는 아관파천 후 일본에 있던 유학생들이 동요하던 상황을 잘 보여준다. 유학생 중 절반가량인 72명이 게이오의숙 보통과(6개월~1년 반 과정)를 졸업했으며, 그중 61명이 상급 학교에 진학하였다.

이렇게 많은 학생들이 일본에 유학하여 새로운 전문 지식과 기술을 습득하고 돌아온 것은 당시 조선 형편에 비추어 볼 때 대단한 일이었다. 이 중 1898년 일본 도쿄 공수학교를 졸업하고 귀국한 남순희는 민영환이 교장으로 있던 사립 흥화학교(興化學校)에서 정교(鄭喬, 1856~1925), 임병구(林炳龜) 등과 함께 교사 생활을 하다 '의학교 관제'가 반포된 닷새

뒤인 1899년 3월 29일 의학교 교관으로 임명받았다. 교관 남순희는 교장 지석영 및 서기 유홍(劉泓, 1899년 10월 5일 법부 주사로 전임)과 함께 의학교 설립 준비를 맡았다. 그리고 9월 4일 의학교가 개교한 뒤에는 교육, 통역, 번역 등 1인 3역을 해냈다.

남순희는 의학교에서도 수학을 가르친다. 이상설이 학부의 의뢰로 편찬한 사범학교와 중학교용 수학 교과서 『산술신서』가 학부에 의하여 1900년(광무 4년) 7월에 발간되자, 곧이어 일본에서 엮어진 유럽계의 수학책들을 재차 편집한 책 『정선산학』이 황성신문사를 통하여 1900년 9월 이후에 발간된다(책 서문에 쓴 임병한의 글은 1900년 9월에 썼다). 발문 중 교열자가 권재형(權在衡)이고 저자나 편저자가 아닌 편집자가 남순희라고 되어 있다. 이 책의 내용은 먼저 발간된 『산술신서』에 비하면 수준이 낮다. 그리고 남순희는 1901년 8월 2일 요절한다. 그가 쓴 『정선산학』이 조선 최초의 수학 교과서라고 알려진 것은 사실과 다르다.

이러한 관비유학생이 아닌 유일선은 한성부 출생으로, 일본 조합교회의 목사인 와다세(渡瀬常吉)의 도움을 받아 일본에 유학하여 1904년 도쿄 물리학교(전문학교, 현재 도쿄이과대학)를 졸업하였다. 이로써 그는 조선인 최초로 수학(이과)을 전공한 전문학교 졸업생이 된다. 졸업 후 잠시 도쿄의 중앙기상대에서 기상학을 연구하다가 귀국하여 1905년 일신학교 교사(수학 및 과학)를 시작으로 이듬해부터 상동청년학원에서 교장 겸 산술 교사를 역임하는 등 교육계에 종사하였다. 유일선은 신채호, 주시경과 함께 1906년 한글로 발행되는 《가정잡지(家庭雜誌)》 발간에 편집인 겸 발행인으로 관여하였다. 이 잡지는 순수한 한글 잡지의 효시이다.

특히 유일선은 정리사(精理舍, 數理專門)[39]라는 수리과학 출판사 및 학원(전문학교)을 경영하며 한국 역사상 최초의 수학저널인 《수리학잡지》(1905. 11~1906. 9, 통권 8권)를 발행한 선구자이다. 정리사는 정신과(精神

《수리학잡지》 표지

科)와 이과(理科)로 교과과목이 나눠져 있었으며, 정신과에서는 심리 · 윤리 · 논리 등을, 이과에서는 수학 · 물리 · 화학 등을 지도하였다. 주시경은 1894년 배재학당 만국지지특별과를 졸업하고, 1900년 배재학당 보통과를 졸업한 후, 1905년까지 외국인들에게 한글을 가르치다 1906년 정리사에 입학하여 34세가 될 때까지 3년간 유일선에게 수학 · 물리학을 배웠다.

1905년 11월 17일 을사늑약이 강제로 체결되자 《황성신문》 1905년 11월 20일자에 「시일야 방성대곡(是日也放聲大哭)」이라는 제목으로 국권침탈의 조약을 폭로하고, 일제의 침략과 을사5적을 규탄하면서, 국민의 총궐기를 호소하는 논설을 쓴 위암 장지연(張志淵, 1864-1921)은 1908년 9월에 정리사 본과에 입학하여 1911년 3월에 졸업한다.

또한 유일선은 근대의 수학 교재인 『초등산술교과서 상 · 하(1908)』를 저술했다. 초등산술교과서 상 · 하권은 일본에서 인쇄된 양장본이다. 이 책의 내용은 간단한 정수의 사칙연산, 분수, 약수 등에 관하여 독학자라도 이해할 수 있도록 쉽게 풀이하고 있다. 저자 서문에서 알 수 있듯이 수학은 논리적 사고와 두뇌 단련에 유익하다는 점을 강조하였다. 유일선은 1908년 대한학회와 기호흥학회에 참가하여 활발한 사회 활동을 벌였다. 1907년 일본어를 가르치는 관립 한성일어학교의 교관으로 부임하였고, 사립명신여학교(후에 숙명여학교)와 휘문의숙에서 교무주임과 교장을 지내는 등 귀국 초기에 개화파 교육자로 활동했다.

그러나 수학자로 청년시절을 시작한 유일선은 한일병탄이 이루어진 후 1911년 판임관 대우를 받는 경성부의 중부장(中部長)에 임명되었고,

일본 조합교회가 서울에 설립한 한양교회에서 집
사를 지냈다. 유일선은 1913년 '조선전도론'을 주
창한 일본조합교회의 후원으로 재차 일본에 유학
하여 도시샤대학 신학부에서 신학을 공부했다. 그
러나 일본 유학을 다녀온 뒤에는 적극적인 친일파
로 활동하였다. 1919년 3·1 운동이 발생했을 때
이를 진정시키기 위해 조직된 3·1 운동 진정운동
에 참가했으며, 1936년 조선총독부 경기도 내무
부의 지방과에서 촉탁으로 발령받은 것을 마지막
으로 1937년 심근경색으로 사망했다.[40]

따라서 유일선은 2006년 친일반민족행위 진상   위 주시경, 아래 장지연
규명위원회가 발표한 친일반민족행위 106인 명
단과 2008년 민족문제연구소가 정리한 민족문제연구소의 친일인명사
전 수록예정자 명단 중 교육과 종교 부문에 모두 포함되었다.[41] 즉, 유일
선은 한일병탄 후 수학보다는 종교지도자로 활동하며 친일에 앞장섰다.
1920년 대한민국 임시정부의 기관지인《독립신문》이 반드시 처단해야
할 7적을 꼽아서 보도했을 때 유일선이 포함되어 있었다. 이런 이유로
근대 수학에서 유일선의 기여에 대한 조명이 그간 이루어지지 않았다.

대한민국 국립 서울대학교 초대 총장

최규동

崔奎東, 1882-1950

최규동은 경북 성주의 유교 집안에서 태어나 한학을 공부하며 8세에
는 석류나무를 보고 한시를 짓고 10세에 사서백가(四書百家)를 외웠다.
최규동은 15세에 결혼을 하고도 학업에만 매진하였다. 그러다 조선을
둘러싼 정세가 급변하기에 배우던 전통학문을 뒤로하고 서양학문을 공
부하기 위하여 19세가 되던 1901년 9월 경성으로 유학을 갔다.

최규동은 상경하는 길에 수원에 있던 화성향교의 전신인 차씨서당에
서 하루를 묵으면서 난생 처음 아라비아 숫자로 덧셈과 뺄셈을 가르치
는 것을 보게 되었다. 어려서 부친에게 조선의 전통 셈법을 배운바 있던
그는 현대 서양의 셈법을 처음 보고 그 과학성에 감탄하여 앞으로는 현
대 셈법을 공부해야겠다는 결심을 하게 되었다. 경성 생활을 시작한 이
때부터 최규동은 고학을 해가며 신학문을 공부한다. 당시 귀족학교인

중교의숙(中橋義塾)[42]에 우연히 들렀다가 서양 수학을 보고 또 다시 그 명료함과 용이함에 탄복을 하고 현대 셈법을 공부하겠다는 결심을 더욱 굳건히 하게 된다. 최규동의 일생과 중동학교에 대한 기여, 그리고 그의 수학에 대한 애정은 『중동백년사』를 준비하던 성균관대 이명학 교수에 의해 발굴되었다. 본 절은 그 중에서 수학에 대한 내용을 중심으로 요약하여 풀어쓰며 소개한 것이라고 하여도 과언이 아니다. (학교법인 중동학원(2007)『중동백년사』지코사이언스)

　최규동은 23세가 되던 1905년 태평로에 있던 광성실업학교 야간부에 입학하여 산술을 배운다. 그해 11월 17일 을사보호조약이 체결되자 민족의 실력을 양성하고, 인재를 배양하는 것만이 장차 나라를 다시 찾을 첩경이 된다는 민족적 신념을 가지게 된다. 광성실업학교는 그가 정식으로 신학문을 처음 배운 곳이다. 이때 훗날 중동학교 발전에 큰 역할을 한 안일영을 만나게 된 곳이기도 하다. 안일영은 최규동에게 일본의 도쿄물리(전문)학교에서 수학을 전공하고 귀국한 한국인 최초의 수학전공 전문학교(대학) 졸업생인 유일선을 소개해 주었다. 유일선은 1905년 정신과학(철학, 윤리학, 논리, 심리)과 이과학(수학)을 가르치는 정리사(수리전문)라는 이과 계통의 학교를 설립하고, 1905년 11월부터 〈수리학잡지〉를 발간한다. '정리사'는 유일선이 설립한 학교 겸 출판사이다. 최규동은 근대 수학을 가르치는 유일선에게 큰 자극을 받는다. 유일선에게 사숙하면서 광성실업학교는 중도에 그만두게 된다. 그렇게 한 두 해를 지내다 25세가 되던 1907년 광신상업학교에 입학하여 잠시 경제학과 법학을 공부했다. 그해 10월 최규동은 평양에 있던 기명학교 수학교사로 부임을 한다. 그때까지 정식으로 학교를 졸업한 적은 없었으나 수학 실력은 출중하여 당당하게 수학교사로 선발된 것이다. 평양 기명학교에서 교편을 잡은 이듬해 유일선 소개로 도산 안창호선생이 세운 대성학교

수학 교사로 부임하여 1년여를 가르치고 1909년 경성으로 돌아와서 휘문의숙과 오성학교에 수학교사로 취직을 하고서야 비로소 '정리사'에 정식으로 입학한다. 이를 통하여 유일선의 근대수학에 대한 차별화된 지식은 공식적으로 최규동으로 이어진다. 수학교사인 최규동은 1911년 정리사 수학연구과를 졸업할 때까지 2년간 융희학교, 청년학관, 기호학교(중앙학교 전신) 등에서도 학생들을 가르친다. 일제 강점기 때 서울 종각 근처 길거리에서는 저녁때가 되면 항상 어떤 수학 선생님이 나와서 양손에 분필을 들고 칠판에 수식을 써 가면서 거리의 사람들에게 멋진 판서로 열심히 강의를 하고 있었다고 한다. 오가던 많은 사람들이 무엇을 하는가 하고 기웃거리다가 자리를 잡고 앉으면 그 수학 선생님은 콩과 좁쌀을 예로 들며 덧셈 뺄셈부터 질문하고 청중은 답하며 수학을 설파하였다고 한다. 그 당시에는 신식 교육이 보급되긴 했어도 여전히 읽지도 쓰지도 못할 뿐 아니라 셈도 못하는 사람들이 대부분이었다. 특히 근대 수학은 특수한 교육을 받은 사람들에게만 보급이 되었다. 백성들은 여전히 근대 수학에는 무관심했고 수학 교육을 받을 기회가 없었다. 그러나 교육자 최규동은 수학을 일반 백성들의 생활과 관련하여 설명하면 쉽게 다가갈 수 있다고 믿고 종로 네거리에서 이렇게 수학 수업을 하게 된 것이다. 종로 네거리를 오가던 사람들이 기웃거리다가 마침내 어떤 사람은 매일 그 시간에 맞추어 나오게 되고, 열심히 거리에서 수학 공부를 하게 되었다. 이 '수학 선생님'이 바로 후에 국립서울대학교 총장이 된 수학선생님 최규동이다. 최규동 선생이 대수학을 잘 가르친다 하여 붙여진 별명이 바로 '최대수'이다. 최규동은 수학실력과 인품이 훌륭해서 많은 제자들로부터 존경을 받았고, 정리사를 〈1911년 중동야학교 학생모집 광고〉 졸업한 이듬해인 1912년 중동학교 교사로 부임한다.

중동학교는 1906년 4월 관립 한어학교 교관인 오규신, 유광렬, 김원

배 등 세 명이 한어(중국어)와 산술을 교육할 목적으로 한어학교 교실을 빌려 야간에 설립하였다. 한어학교는 현재 종로구 안국동 조계사 근처 옛 전의감 자리에 있었다. 한어학교는 대한제국에서 중국어 교육을 위해 설립한 학교로 러시아어, 독일어, 일본어, 프랑스어 학교 등과 같이 관립 외국어학교에 소속되어 있었으며 학사와 관련된 모든 사항은 외국어학교 교장의 지시를 받아야 했다. 따라서 야간에 교실을 빌려 중동학교를 설립하는 것도 당연히 외국어학교 교장의 허가를 받아야 했다. 을사늑약 이후 일본어를 배우려는 학생은 급격히 늘어나는 반면, 중국어를 배우려는 학생은 점점 줄게 되자 한어학교 교실을 빌려 야간에 학교를 설립하였다. 애당초 중동학교의 출발은 중국어 교육을 위한 것이었으나, 이 또한 동아시아의 종주국 행세를 하던 청나라의 영향력은 날이 갈수록 약화되었고 일본이 새롭게 강국으로 부상하는 등 국제 정세의 변화에 따라 여의치 못하였다. 입학하려는 학생은 거의 없었고, 그나마 대부분 한두 달 다니다 중도에 그만 두었다. 이러한 어려움을 타개하고자 일어와 영어 두 과목을 더 개설하자 학생들이 모이게 되었으며, 이에 학교 설립 허가를 받은 지 8개월 만인 1906년 12월 28일(또는 1907년 1월 22일) 학교 이름을 '중동'이라고 짓고 간신히 개교식을 가졌다. 1907년 가을 각지에 흩어져 있던 일어, 영어, 독어, 프랑스어, 러시아어, 중국어 학교를 지금의 경운동 천도교회관 부근으로 모아 하나의 외국어학교로 통합 운영을 하게 되자 한어학교도 외국어학교로 이전을 하였고, 그러자 야

1911년 중동야학교 학생모집 광고

간에만 수업을 하던 중동은 한어학교가 떠난 빈 공간을 이용하여 주간에도 수업을 할 수 있게 되었다.

초대 교장은 약종상을 하던 최흥모였는데 자격에 문제가 생겨 오세창(吳世昌)이 교장으로 부임을 하고 최흥모는 교감으로 학교 일을 보게 되었다. 중동학교 2대 교장은 중추원 참의를 거친 대표적 친일파 윤치소(尹致昭, 윤보선의 선친)이고, 3대 교장은 바로 신규식 선생이다. 신규식 선생은 독립운동사에 중요한 인물로 나라를 잃음에 독약을 삼켜 자결하려다 잘못되어 애꾸눈이 되자 자신의 호를 예관(觀)으로 지었다. 신흥무관학교 설립과 독립군 양성에 중추적 역할을 하며 임시 정부 군무부장, 부총통을 역임하였다. 이들은 모두 한어학교의 졸업생들이었다.

1914년 중동학교는 당시 신규식이 상하이에서 독립운동을 하겠다며 교장을 사임하는 바람에 조동식(趙東植)이 교장을 맡고 있었다. 조동식은 당시 동덕학교를 운영하고 있던 터라 동덕과 중동 두 학교의 교장을 겸하고 있었다. 한어학교가 외국어학교로 통합된 뒤 약 8년간 관유지인 한어학교 자리 건물을 중동학교가 무료로 사용하고 있다는 것을 알고 조선총독부는 일본인에게 이 건물을 헐값에 매도하였다. 1915년 어느 날 일본인이 나타나 건물을 비워달라고 독촉을 한다. 집을 비우라는 독촉에 설립자인 유정렬과 조동식 교장은 열악한 재정 형편으로 궁리를 해도 학교를 유지할 수 있는 길이 보이지 않자 중동학교를 폐교하는 쪽으로 의견을 모으게 되었다.

중동학교 교사였던 최규동은 당시 조선총독부 하에서 조선인이 세운 학교를 폐교하는 일은 너무나 쉽지만, 조선인이 새로 학교를 설립한다는 것은 얼마나 어려운 일인지 잘 알고 있었다. 이에 최규동은 어려운 가정 형편 속에서 무모한 짓이라는 친지들의 만류에도 불구하고 중동학교를 인수한다. 계약서나 인수인계 서류 한 장 없이 구두로 학교를 인

중동학교 수학과 1회 졸업사진

수 받은 것이다. 최규동이 인수한 것은 학교 부채 300원과 학생 24명, 학교 도장 1개와 졸업생 명부뿐이었다. 중동학교는 최규동이 아니었더라면 1906년부터 1914년까지 약 8년 동안 존재했다

가 역사 속에 사라질 운명이었다. 최규동은 24명의 학생을 이끌고 수송동 85번지 민가 한 채를 월세 15원에 빌려 새롭게 학교를 시작하게 된다. 최규동을 중동학교의 실질적인 설립자라고 부르는 이유가 바로 여기에 있었다. 학교의 재정 상태는 월세 15원을 내기도 부담이 될 정도였지만 최규동은 교장, 교사, 직원 역할은 물론 허드렛일까지 같이 하면서 헌신적으로 학교를 운영한다. 다행히 1919년 3·1독립운동 이후 전국적으로 불기 시작한 근대교육에 대한 열기로 1920년부터 학생 수가 급격히 증가하여 천여 명에 이르면서 학교 운영은 정상화 된다.

수학적으로 우리가 특히 주목할 점은 사립 중동학교는 수학 특성화 학교로 1915년 1회 수학과 졸업생을 배출하였다는 것이다. 1917년에 사립 연희전문학교가 신설된 것보다 2년 전에 최규동은 중동학교에서 이미 수학과 졸업생을 배출한 것이다. 중동학교 졸업생 중 다수는 일제 강점기에 수학교사로 활동한다.

1928년 전국 각지에 각종 학교들이 난립하자 조선총독부에서 이를 규제하고자, 1924년과 1927년 신교육령을 발표하여 일정한 규모의 재단기금을 마련하지 않으면 전문학교 이상의 입학 자격을 부여하지 않기로 결정했다. 중동학교도 사정이 다를 바 없었다. 이에 1926년 후원회

를 조직하여 재단 기금 마련에 나섰다. 그동안 최규동이 절약하여 모은 17만 원과 졸업생, 학부형, 사회 유지의 후원으로 모은 15만 원 등 총 31만 원의 재단 기금으로, 드디어 1928년 고등보통학교 정도로 지정을 받아 전문학교 입학자 이상 자격을 가진 것으로 인정을 받게 되었다. 후원회에서 모금한 15만 원은 재력가나 일제의 어떠한 도움 없이, 전국 각지에 있는 민족 교육에 뜻을 둔 인사들이 십시일반 모아 마련한 것이다.

조선총독부는 1928년에 중동학교를 고등보통학교 정도로 지정하여 졸업 후 전문학교 입학 자격을 가진 것으로 인정하였다. 그러나 중동은 적립된 기금 등 여력이 충분함에도 끝까지 고등보통학교로 변경 신청을 하지 않았다. 그 이유는, 고등보통학교가 되면 조선총독부에서 정한 교과과정을 따라야 하며, 일본인 교원도 많이 충원해야 했기 때문이었다고 한다. 당시 중동학교에는 일본인 교사가 단 2명뿐이었다. 서울에 있던 다른 학교는 고등보통학교가 되면서 일본인 교사를 증원하라는 규정에 따라 많게는 20여 명, 아무리 적어도 8~9명의 일본인 교사가 있었다. 최규동 교장은 조선총독부 규정에 따라 최소한의 일본인을 교사로 채용하였으며 그중에서도 일부러 무능력한 일본인을 골라서 썼다고 한다.

1919년 2월, 최규동은 중등교육 수학 신교과서를 발간하였으며 널리 알려진 육서심원(六書尋院)을 편찬, 간행하는 데에도 물심양면으로 큰 힘을 썼다. 또한 일제의 눈을 피하여 교육시찰이라는 명목으로 덴마크의 코펜하겐에서 열리는 세계 언어학자 대회에 우리의 대표로서 정인섭(鄭寅燮, 1905~1983 평론가 · 영문학자)을 보내어 민족의 얼이 담긴 우리의 말과 글의 우수성을 세계에 자랑함으로써, 독립운동의 계기를 마련하고자 심혈을 기울였다.

조선의 마지막 임금 순종의 장례식이 거행된 1926년 6월 10일에 있

백농 선생의 저서   기하담당 안일영 선생의 신문기사

었던 6·10 만세 운동은 중동학교, 중앙고보, 연희전문 학생들이 주축이
되어 일어난 사건이다. 졸업생 양일동(梁一東)[43]은 당시의 일을 회상하면
서 "이민족의 방해에도 특유한 교육 정신으로 중동학교 명칭을 고등보
통학교로 바꾸지 않고 그대로 지켜온 중동의 전통을 이제 지하에 계신
최규동선생도 기뻐하실 것"이라며 중동이 일제하에서 민족의 자존과
학교의 전통을 지킨 것을 매우 자랑스럽게 여겼다.

  잡지『동광』38는 1931년 10월호에서「중동학교교장 최규동」이란
제목의 글을 소개하였고, 1940년 1월 1일《동아일보》는 최규동을 "조선
의 페스탈로치를 찾는다 해도 지표는 최규동 선생에게로 향해질 것을
누가 부인하랴"라고 높이 평하였다. 이 과정에서 '최대수'라고 불리던
최규동과 '안기하'로 불리던 안일영으로 장안의 화제가 된 중동학교 수
학교육의 우수성은 이미 잘 알려졌다. 최규동은 어려운 재정 형편 속에
서도 교내 특대생 제도를 만들어 매학기마다 각 학급에서 학업이 우수
한 학생들에게 수업료를 면제해 주었으며, 교사를 신축하고, 1921년부

터 국내에서 처음으로 교비생 제도를 시행하였다. 교비생 제도는 매년 학업 성적이 우수하고 장래가 촉망되는 학생을 선발하여 해외에 유학을 보내는 제도이다. 유학을 마치고 난 후 교비생들은 모교로 돌아와 교편을 잡기도 하였고, 사회 각 분야에 진출하여 큰 역할을 하였다. 수리학 분야 교비 일본 유학생으로 지원이 확정된 고백한 군의 장학증서에서 보듯이, 중동학교가 힘든 학교 운영에서도 수학분야 인재양성에 얼마나 주력했는지 알 수 있다.

최규동은 중동학교를 자연과학을 전문으로 하는 중동대학으로 발전시켜 설립하여야 한다고 기회가 있을 때마다 강조하였다. 훌륭한 인재양성도 시급한 일이지만, 우리 민족 손으로 만든 대학이 하나도 없다는 것이 부끄럽고 유감스럽다고 생각했기 때문이다. 최규동은 중동대학 부지로 동대문 밖에 있던 용두리 벌판을 마음에 두고 있었다. 최규동 선생은 이곳에 대학과 중학교 그리고 초등학교를 지어 교육단지로 건설할 계획이었다. 이러한 구상에 필요한 재원을 마련하기 위하여, 최규동은 지금은 북한 땅이 되고 말았지만 강원도 우달산 600만 평의 국유지를 대부받아 해마다 사위인 홍만식 · 방성희 선생을 보내어 수십만 그루의 잣나무를 심었다. 그러나 해방과 함께 조국은 분단되고 중동대학이라는 최규동의 꿈은 이루어지지 않았다.

한국의 군정기(軍政期)는 1945년 8월 15일 제2차 세계 대전에서 일본 제국이 연합국에 항복하여 통치권을 잃은 한반도를, 북위 38도선 이북에서는 소련군이 1946년 2월 8일 북조선임시인민위원회 수립과 1948년 9월 9일 조선민주주의인민공화국 정부 수립까지, 38선 이남에서는 미군이 1945년 9월 9일부터 1948년 8월 15일 대한민국 정부 수립까지 다스린 기간이다. 당시 교육계의 존경을 받던 수학교사 출신 최규동교장은 8·15광복 직후인 1945년 9월 군정 한국교육위원회의 위원이 되었고, 이어서 조직된 교육심의회의 제3분과 위원회에서 일반 교육분야 대표위원으로서 어려운 문제들을 해결하는 데 공헌하였으며, 1947년에는 조선전기공업중학교(朝鮮電氣工業中學校)를 인수하였다. 그 후 서울특별시 교육회장, 조선교육연합회 회장을 역임하고, 1947년 국립대 제1회 이사회에서 이사장으로 임명된다. 군정이 끝나고 1948년 8월 15일 대한민국 정부가 수립되었다. 초대 문교

중동학교 수학전공 유학생의
장학증서

부장관이 된 안호상[44]은 최규동 교장을 서울대 총장으로 천거하였다. 이 추천이 받아들여져서 최규동은 1948년 대한민국 정부가 수립되자, 1949년 1월 4일자로 대한민국 국립 서울대학교 초대 총장(경성대학부터는 4대 총장, 외국인을 제외하면 3대 총장)으로 취임하였다.

일제 강점기에 빼앗겼던 교육 주권을 되찾은 해방 직후 수학 선생님이 많은 박사들을 제치고 우리나라 최고 학부의 총장으로 취임하였다는 사실은 특기할 만하다. 최규동은 1950년 6월 한국전쟁이 발발하자 북한군에 의하여 납북되어 10월 평양의 감옥에서 옥사하여 각산(覺山) 공동묘지에 매장되었다. 이 유해가 성주로 이장된 것이다. 정부는 1968년 최규동에게 건국훈장 독립장을 추서하였다.

한국에 온 최초의 서양인 수학 및 물리 교육가

아서 베커

白雅悳, Arthur Lynn Becker, 1879-1978

1897년 10월 10일 목사의 사택에서 학생 13명을 모집하여 사랑방학교로 시작한 평양의 숭실학교는 1901년 10월 25일 2층 한옥교사를 신축하고 평양 숭실학당으로 시작하였다. 1903년 한국에 파송된 감리교 선교사인 아서 베커는 물리학과를 졸업한 과학교사로, 한국에 온 최초의 서양인 수학전문가이다. 그는 세계 어느 곳이든 과학교육이 가장 절실히 필요한 곳에 가고 싶다고 지원했다고 한다. 이에 따라 극동선교 책임자의 권유로 조선에 오게 되었다. 베커는 여자친구인 루이스 스미스 (Louise Ann Smith)와 함께 평양으로 왔고, 1907년에는 친구인 루퍼스(Will Carl Rufus, 1876~1946, 미시간대학 천문학 석사)는 물론 그의 부인과 아들 둘도 숭실학당에 합류한다. 네 사람은 단순한 선교사나 영어교사가 아니라 모두 미시간 앨비온대학 동창생인 동시에 실력과 특히 과학적 소양

을 갖춘 뛰어난 교육자였다.

숭실학당은 1904년 1회 졸업생 3명을 배출하고, 1905년 베커를 교수로 초빙한다. 1906년 8월에 협성숭실학교(Union Christian College)란 교명으로 출발하여 1907년 3월 20일 중학부를 숭실중학교로, 대학부를 숭실대학으로 개칭했다. 1909년 대한제국 학부가 최초로 대학 인가를 내주면서 숭실대학은 독립한다. 수업연한은 4년을 원칙으로 하고, 교육과정에 비로소 수학, 물리학(열, 전기학, 자기학, 엑스선, 정성 화학, 정량화학)[45], 자연과학(비교동물학, 발생학, 생물학, 천문학) 등이 구성되었다. 1909~1910년의 숭실중학 수학과 교육과정을 보면 1학년 기초산수 5시간, 2학년 고등산수 5시간, 3학년 대수 5시간, 4학년 대수 2시간, 평면기하 3시간으로 전 학년에 5과목 주당 20시간으로 응용과학은 7과목에 15시간, 자연과학은 5과목에 14시간이 할당되어 있다. 이는 특히 수학과 과학에 배정된 주당 17과목에 49시간을 감당한 자연과학을 전공한 우수한 교사진이 충분히 확보되었음을 의미한다.

베커는 첫 연구년(1910~1911)이 되자 모교인 앨비온대학에 가서 학위 논문으로 「동양의 고등학교에서 배우는 기초화학(Elemenatary Chemistry for use in Oriental high school)」을 제출하여 석사학위를 받았다. 다시 한국에 와서 새로 생기는 연희전문학교 수물과 개설을 위하여 서울로 이사하기 전인 1915년까지 평양 숭실대학에서 양질의 수학 및 과학교육으로 큰 기여를 한다.

아서 베커와 같은 우수한 교수를 보유한 평양 숭실대학은 1912년 조선총독부로부터 최초의 대학 인가를 받았다. 그러나 1925년 조선총독부는 조선에는 경성제국대학 하나만 대학으로 인정한다는 식민지교육정책에 의하여 일방적으로 4년제 전문학교로 개편하도록 강요하여 숭실대학을 대학에서 전문학교로 격을 낮추었다. 일제에 저항하던 숭실전

풍자된 아서 벡커
(『연희』 제8호, 1932년)

문학교 관계자들은 마침내 일제의 식민 지배와 신사참배 강요에 강력히 반대하여 1938년 3월 4일 마지막 졸업생을 배출한 뒤, 일제에 저항하는 의미로 자진 폐교 결정을 내린다. 해방 후 남북이 분단된 후 1954년 서울에서 숭실대학으로 다시 문을 열었다.

한일병합 후 1910년대 초 일제는 모든 대학부를 폐쇄했다. 이런 상황에서 우리나라 고등수학은 평양 숭실대학에서 근무하던 물리학 석사 아서 베커를 초대 학과장으로 초빙하며 1915년 생긴 연희전문학교[46] 수물과를 통하여 명맥을 유지하였다. 연희전문의 수학 및 물리학과에서는 베커, 루퍼스, 응용화학과 학과장에 임명된 밀러 (E.H. Miller, 1873~1966) 등 비교적 충실하게 가르칠 수 있는 교수진 덕분에 조선인들에게 양질의 교육을 제공할 수 있었다. 수학 및 물리학과는 간단히 수물과 혹은 이과라고 불렀다.

그러나 1923년 3월에 총독부가 '개정조선교육령'을 공포하면서 연희전문 수물과를 폐쇄하였다. 다행히 아서 베커의 노력에 의하여 학칙을 개정하고 1924년 4월 수물과를 다시 살려냈다. 이어서 오하이오 주립대학에서 석사학위를 마치고 1924년 8월 귀국한 이춘호가 연희전문학교의 첫 한국인 수학교수로 강의를 맡았다. 이 과정에서 조선의 수학자 전통은 연희전문학교 수물과로 이어진다. 마침내 연희전문학교 수물과는 1919년 장세운을 첫 번째 수학전공 졸업생으로 배출한다. 뒤이어 1924년에는 신영묵, 1925년에는 장기원을 수학전공 졸업생으로 배출한다.[47] 베커는 1919년 4명의 수물학과(물리학 전공) 졸업생인 이원철(1926년 조선인 최초 미시간대 천문학 박사), 장세운, 임용필, 김술근을 배출하고, 그중 3명을 조수와 강사로 채용한 후 안식년을 얻어 미국에 갔다. 이 학생 중 장세운은 후에 미국 시카고대학으로 유학을 가서 수학과에서 학사와 석사학위를 취득하고, 노스웨스턴대학에서 「윌진스키의 관점에서 본 곡면의 아핀 미분기하학(Affine Differential Geometry of Ruled Surfaces from the Point of View of Wilczynski)」이라는 제목의 논문으로 수학 박사학위를 취득한다. 한국인으로는 첫 번째 수학박사가 된 것이다.[48] 1926년 수물과를 졸업한 최규남은 1927년 미국으로 건너가 1933년 미시간대학에서 물리학 박사 학위를 받았다. 한국인 최초의 물리학 박사이다. 일제 강점기 시절 한국인으로 박사 학위를 받은 사람은 과학기술 전 분야에 걸쳐 10명뿐이었다. 수학분야는 1명(장세운), 물리학 및 천문학 분야는 4명(이원철, 조응천, 최규남, 박철재)이었고, 이 중 4명(장세운, 이원철, 최규남, 박철재)이 연희전문학교 수물과 출신이었다.[49]

베커는 연구년을 이용하여 미시간대학에서 물리학으로 박사학위를 받고, 다시 가족과 함께 한국으로 돌아왔다. 이처럼 그는 유능한 교육자로서 연구를 게을리하지 않는 교수였다. 1928년에는 조지아공대, 1933~1934년에는 캘리포니아대학에서 안식년을 보내면서 부지런히 과학과 교육에 대한 경륜의 폭을 넓혔다. 1930~1931년 사이에는 임시로 배재고등보통학교 교장을 역임하기도 하였다.

그러나 곧 연희전문학교도 일제의 가혹한 탄압 대상이 되었으며, 특히 1938년 4월부터는 조선어 이용을 금지 당하였다. 급기야 일제는 외국인 추방령을 발동하였고, 결국 1940년 그는 가족과 함께 추방된다. 더나아가 일제는 1944년 4월에 미국인이 세운 연희전문학교를 적산(敵産)이라는 명목으로 몰수하고 총독부에서 관리하며 이춘호, 장기원 등 한국인 간부와 교수진까지도 추방하였으며, 교명도 '경성공업경영전문학

연희전문학교 본관

교'라고 마음대로 고쳤다. 1945년 8·15 광복을 맞은 후에 연희전문학교
운영은 정상화되기 시작하였다.

한국인 최초의 수학석사

이춘호

李春昊, LEE Choon Ho, 1893~1950

이춘호는 1893년 3월 6일 전의(全義) 이씨 가문에서 출생하였다. 그는 1912년까지는 글방에서 한문을 배우다가 교회 주일학교에 다닌 것이 계기가 되어 기독교를 믿게 된다. 그리고 개성 한영서원(송도고등보통학교, 송도중고등학교의 전신)에 입학하여 2년간 고등과 과정을 마치고 1914년 2월 이 학교 제1회 졸업생이 되었다. 졸업과 동시에 이춘호는 부산에 있는 초량여학교 교사가 되어 잠깐 근무했으나, 곧 미국으로 유학을 가기 위하여 두 친구(윤영선, 임병직)와 함께 중국 베이징으로 건너갔다.

이때는 일본 경찰의 감시가 심했기 때문에 부산에서 떠나는 미국행 기선을 탈 수 없어서 반드시 중국을 거쳐야만 했다. 말하자면 정치적 망명 길을 떠나는 길이었다. 3명의 학생은 중국인 복장을 하고 상하이로 가서 미국 기선을 탔다. 그들이 미국에 도착한 것은 1914년 7월이었고, 한

영서원에서 근무하던 선교사의 추천서를 가지고 매사추세츠 주 마운틴 호먼 고등학교에 입학하게 되었다. 이춘호는 2년 만에 이 학교를 졸업했다.

곧바로 이춘호는 오하이오 웨슬리언 대학에 진학하여 수학을 전공했다. 졸업하는 해인 1920년 9월부터 1921년 6월까지 그는 오하이오 주립대학교 대학원에서 공부를 계속했다. 그리고 석사 논문으로 「유한체의 대수 및 해석기하(Algebra and Analytical Geometry of Finite Field)」을 완성하여 한국인으로서는 최초로 수학을 전공한 석사가 되었다. 그는 이어서 박사학위 과정을 이수하였으나, 1924년 8월까지 미국에서의 3년간의 행적은 기록이 분명하지 않다.

《농광》1931년 9월호는 〈될뻔기(記)-나는 소년시대에 어떤 야심을 가졌었나?〉라는 기사를 싣고 있다. 이춘호는 미국에서 공학을 배우다가 광산 실습 도중 광벽이 무너져 2명이 즉사하는 것을 보고 전공을 수리학으로 전환했다고 회고했다.[50]

이춘호는 연희전문학교에서 수학을 가르치던 첫해에 우수한 학생을 만나게 된다.[51] 후일 이화여전과 연세대학교에서 많은 인재를 양성한 4학년 장기원이 바로 그 학생이다. 장기원이 연희전문학교 수물과 학생이던 처음 3년간 수학을 가르친 사람은 베커였다. 베커는 전공이 물리학이었지만 수학 지식도 조선에서 최고로 여겨질 만큼 탁월했던 교수였다. 그러나 수학에 남다른 재능을 가지고 수강한 장기원에게는 수학으로 석사학위를 받은 이춘호의 수학 강의가 더욱 감명적이었다. 뿐만 아니라 장기원의 뒤를 이은 당시 수재들인 최규남, 국채표(鞠採表, 1906-1967), 박철재 등도 수학전공자인 이춘호에게 지도를 받아 수학 기초를 튼튼히 한 초기 학생들이었다.

이춘호가 미국 유학을 하고 있을 때 3·1 운동이 일어났다. 같은 해 그는 이승만이 총재로 있던 '재미 한국 독립운동 동지회' 학생부장으로 독립운동에도 참여했다. 1924년 귀국한 후에는 서울 YMCA 총무(1931년)를 역임하였다. 이춘호는 첫 안식년(1930-1931)을 미국에서 보냈는데, 이 기회에 그는 모교를 방문하여 연구도 하면서 동시에 각 교회와 단체를 방문하여 기부금을 모금하는 데 정열을 쏟았다.

이춘호의 사회활동도 다채롭다. 안식년으로 미국에 있는 동안 제4회 미국 남감리교 총회에 한국 대표로 참가했으며, 흥업구락부(기독교 계열의 사회운동 단체로 항일독립운동을 위한 자금 지원 및 기독교 기반 애국계몽운동을 진행함) 사건으로 서대문 경찰서에 검거되어 옥살이(1938년 5월)도 하였다. 그리고 이로 인하여 1938~1945년에는 일제의 강압으로 연희전문학교에서 해임되고, 사택에서도 쫓겨나는 고난을 겪었다. 그러나 이후에 그는 일제 말 신사참배 문제로 교회가 갈등하고 있을 때, 기독교의 내선일체와 황민화(황국 신민화)에 앞장섰던 친일 단체인 경성기독교연합회에 김활란, 최동 등과 함께 참여하는 등 친일 행보를 하기도 했다.

조국의 광복은 이춘호에게 새로운 사명을 안겨 주었다. 유억겸 연희전문 학감이 미군정청 문교부장이 되면서 이춘호는 문교차장에 임명되었다. 해방 후 조선을 다스린 미군정은 기존의 사립 전문대학을 대학교로 승격시키고 관공립 대학을 통합해 하나의 종합대학교를 설립하는 정책을 채택하였다. 이에 따라 1945년 12월 학무국의 미국인 장교에 의해 경성대학을 확장하여 종합대학교를 만들려는 계획이 마련되었으나 이 방안은 시행되지 못했다. 1946년 4월 문교부는 경성대학교 의학부와 경성의학전문학교의 통합을 지시했고 7월 13일에는 경성대학과 9개 관립 전문학교 및 사립 경성치과의학전문학교를 일괄 통합해 종합대학교를 설립한다는 '국립 서울대학교 설립안'을 발표했다. 흔히 말하는 국대안은 1946년 7월 13일 당시 문교부장 유억겸, 차장 오천석에 의해 발

국대안이 발표된 1946년 서울대 동숭동 캠퍼스 전경

표되었다. 약 1개월 후인 8월 22일 '국립 서울대학교 설립에 관한 법령' (군정법령 제102호)이 공포되어 법적 효력이 발생되었다. 경성제국대학의 후신인 경성대학의 3개 학부와 일제 때 만들어진 9개 관립 전문학교를 통폐합하여 종합대학을 설립한다는 안이다. 이때 이춘호는 다른 사람들과 함께 국대안을 창안하고 그 제정에 공헌하였다. 그러나 친일 교수를 배제해야 한다는 것이 큰 쟁점 중 하나였다.

국대안 발표 후에 일부 교직원과 학생들은 맹렬한 반대운동을 펴기 시작했고, 7월 31일 조선교육자협회와 전문대학 교수단 연합회가 공동으로 전국교육자대회를 열고 국대안 철회를 요청하였다. 이어서 광산전문학교, 경제전문학교, 경성사범학교, 경성의학전문학교 등 통합대상으로 되어 있는 전문학교의 일부 교수나 학생들도 반대 운동에 가담하였다. 『서울대학교 50년사』는 국대안 파동이 인 것은 '국립대 창설안이 교수나 학생이 아닌 교육 관료에 의해 추진되었다, 국립대를 창설하려면 성균관 등을 모체로 해야지 왜 경성제국대를 모체로 했느냐, 초대 총장에 미국인을 임명했다, 경성대 의학부와 경성의학전문학교처럼 영역이 같은 곳을 합치는 경우 경성대학 측에서 특히 강한 반대 의견이 나왔다,

기득권 상실을 염려한 각 학교 교수진의 염려 때문이었다'고 정리해 놓고 있다. 반대운동 대표자들은 러치(Archer L. Lerch) 군정 장관을 면담하고 국대안 철회를 요구하였다. 그런 와중에 미군정청이 미 육군성 해군 대위로, 구 경성대학 총장을 역임한 해리 앤스테드(Harry B. Ansted: 재임기간 1946. 8. 22~1947. 10. 25)를 추천하여 앤스테드가 미군정의 서울대 초대총장으로 취임하였다.

국대안 반대의 집단행동이 본격화된 것은 1946년 9월 해당 대학교들의 학생들이 등록을 거부하고 제1차 동맹휴학에 들어가면서부터이다. 이들은 친일 교수 배격, 경찰의 학원 간섭 정지, 집회 허가제 폐지, 국립대 행정권 일체를 조선인에게 이양할 것, 미국인 총장을 한국인으로 대체할 것을 요구하였다. 국대안 반대운동이 해방공간의 정치적 상황과 맞물려 좌우익의 대결로 흘러가게 되었고 미군정청은 국대안 문제를 남조선 과도입법의원에 상정하기로 결의했다. 국대안 반대운동은 학원 문제를 넘어 정치적 성격의 문제로 진화하였고, 이에 따라 좌우익 학생들이 국대안 문제에 대해 동맹 휴학 유지와 중지로 갈라지게 되었다. 미국 시민권자인 이춘호는 1947년 4월 UN 한국정치 연락위원이 되었다. 정치 투쟁으로 변질되어 1년 동안 계속되었던 국대안 파동은 1947년 10월 학교 측이 제적학생 전원의 무조건 복교를 결정하고 초대총장인 앤스테드에 이어 미국에서 대학을 나온 한국인 이춘호를 서울대 제2대 총장에 임명함으로써 일단락되었다.[52]

이춘호 총장은 취임사를 통하여 "학술연구의 자유를 존중하고 학원의 자유를 확립하겠다"고 언명하였다. 그리고 그는 이어서 사상의 자유는 인정하지만, 대학 구내에서 정치적 언행은 용인할 수 없다고 밝혔다. 이것은 당시 학교 안의 좌익 계열 학생들과 우익 계열 학생들 간의 대립이 계속되고 있었기 때문이었다.

이춘호의 묘지 (평양)

『서울대학교 60년사』 편찬위에 따르면, 국대안 파동은 아직 대한민국 정부가 설립되지 않은 상황에서 새로운 체제의 종합 국립대학교를 무리하게 만들려고 했던 것에 기인했다고 분석했다.

초대 서울대 총장이 외국인이기 때문에, 이춘호는 서울대 총장에 오른 최초의 한국인으로 불린다. 이춘호는 1948년 4월 16일 총장직을 사임했고, 1950년 6·25전쟁이 일어났다. 이춘호는 이 기간에 공산군에 납치를 당했고, '이춘호는 평양 감옥에 수감 중 악성 이질로 1950년 10월 9일 작고했다'는 국회 조사반의 정보 자료만 남아 있다. 58세의 나이에 세상을 떠난 그의 유해는 현재 평양 신미리 재북평화통일촉진 협의회 특설묘지에 안치되어 있다.

7

국내에서 최초로 수학박사학위 취득

최윤식

崔允植, CHOI Yun-Shick, 1899~1960

최윤식은 1899년 평안북도 선천에서 태어나 어린 시절부터 신동이라 불렸다. 1917년 경성고등보통학교를 특대생으로 졸업하고, 1918년 경성고등보통학교 사범과를 졸업한 후, 수학에 특출하여 관비유학생으로 일본에 건너가 1922년 히로시마고등사범학교 제1부를 졸업하였다. 이후 1926년 한국인으로는 최초로 도쿄제국대학 이학부 수학과에서 이학사 학위를 취득했다. 귀국 후 휘문고등보통학교, 전주고등보통학교 교사로 근무하였다. 1931년 4월 경성공업전문학교 교사로 임명되고, 1932년 4월 경성고등공업학교 조교수를 거쳐 1936년 10월 교수가 되었다. 1940년에는 연희전문학교 강사를 겸임하였고, 1943년 경성제국대학 예과 강사도 겸임하였다. 해방 후 1945년 9월 경성광산전문학교 교장에 취임하였다. 그에게 해방 후의 '국립 서울대학교 설치령' 파동은

커다란 위기인 동시에 학술적 성취의 기회를 주었다.

8·15 해방 이전의 경성제국대학에는 수학과가 설립되어 있지 않았으나 해방 이후 1945년 10월 7일 미군정청이 경성제대를 인수하여 '경성대학'으로 개칭하면서 처음으로 이공학부에 독립된 수학과가 설치되었다. 그리고 한국인으로는 두 번째로 1935년 도쿄제국대학 수학과를 졸업하고 연희전문학교와 경성제국대학부설 이과중등교원양성소에서 강의하던 김지정은 1945년 11월 경성대학 이공학부에 수학교수로 유일하게 임명되었다.

이 무렵 서울에서 10여 명의 수학자들이 모임을 가지게 되었다. 이임학의 회고에 의하면 이 모임은 도호쿠제국대학 출신의 조 모 씨가 주선하였으며 참석자는 김지정, 이임학, 유충호, 홍임식, 이재곤 등이었고 나머지 참석자들의 이름은 기억나지 않는다고 하였다. 참석자 중 홍임식은 유일한 여성 수학자였다. 여기서 앞으로 경성대학 수학과 강의를 맡게 될 세 사람을 투표로 선출했는데, 김지정, 이임학, 유충호가 선발되었다. 같은 시기에 예과 교수로 최종환(崔宗煥), 정순택(鄭淳宅), 유충호가 발령을 받았다.

수학자 모임에서 선정된 김지정, 이임학, 유충호는 경성대학 수학과 강의를 담당하게 되었다. 1946년 1월 경성대학 수학과 개강시 김지정은 해석학, 유충호는 격자(Lattice) 이론과 미분기하학, 이임학은 대수학을 담당하고, 추가로 한필하가 실해석학을 가르쳤다. 1946년 8월 27일 '국립 서울대학교 설치령'이 공포됨에 따라 경성대학 이공학부의 수학과를 인수해 국립 서울대학교 문리대 수학과가 개설되었다. 이 과정에서 대부분의 수학과 교수는 사임을 한다. 이후 혼돈기를 거쳐 최윤식, 신영묵, 박경찬(朴敬贊), 임학수(林學洙)가 1946년 10월 서울대학교 수학과 교수로 추가 발령되어 초기 교수진을 이루었다.

1960년 4월 17일, 서울대 수학과 3학년 야유회에서의 최윤식 교수와 학생들(사진: 김하진)

국립 서울대학교 설치령 파동으로 1946년 서울대 문리대 수학과의
모든 교수가 사표를 내고 떠나자, 훌륭한 경력의 경성광산전문학교장
최윤식이 서울대 수학과의 학과장으로 추천되었다. 1946년 10월 국립
서울대학교 수학과 초대학과장으로 취임한 후, 새로운 교수진을 구성하
고, 이어 서울대 문리과대학 학장의 직책을 수행하면서 연구와 후진을
양성하는 데 힘쓰며, 해방 후 한국수학계 초기 인재들을 배출하였다.

윤갑병의 회고에 따르면 (대한수학회(1998), 「대한수학회사」 제1권, 성지출
판), 1946년 하반기에 서울대학교 수학과에는 최윤식의 해석학 관련 강
의를 비롯하여, 이임학의 추상 대수학과 정수론, 박정기의 행렬과 행렬
식, 신영묵의 사영기하학 강의가 개설되었다. 국대안을 반대하여 사임
한 김지정, 유충호, 정순택, 최종환, 김재을(金在乙), 홍성해(洪性海), 한필
하, 김치영, 이재곤은 대부분 월북한 것으로 알려졌으나 한필하, 홍성해,
김치영은 북한의 공산주의를 거부하고 다시 월남하였다. 국대안 사건으
로 제대로 이루어지지 못했던 학사과정은 1947년 9월에 이르러서야 재
개되었다. 주요 교수들이 강단을 떠난 공백은 새로운 사람들로 메워졌

다. 정봉협(鄭鳳浹), 이임학(전임강사)이 발령을 받았고, 허식, 윤갑병, 오순용(조교-전임강사) 등이 한국전쟁 때까지 조교로 활동하면서 강의를 맡기도 하였다.

1947년 이후 초창기 서울대 수학과의 역사는 최윤식 교수의 그것과 함께한다. 1954년 서울이 완전 수복되었을 때 수복 후 처음으로 대한수학회 총회가 동숭동 서울대학교 문리과대학 강당에서 열렸다. 이 회의에서 최윤식 교수는 대한수학회 초대회장으로 선출되었다. 1954년 학술원 추천회원이 되었으며 1955년 미국 시카고대학에서 방문교수로 연수를 마치고 귀국한 후 1956년 서울대에서 박사학위를 취득하고 이어 서울대 대학원장·문교부 고시위원 등을 지냈다.

1956년 최윤식 교수가 제출한 한국 최초의 수학박사 학위논문은 「베르누이 수와 함수에 관한 연구, 미분방정식 해법과 이론, 부기(簿記), 전미분방정식·편미분방정식 그라스만 대수적 연구; 다중 Fourier 급수의 총화법(A Method of summation of multiple fourier series)」 이렇게 세 저작을 묶어 놓은 것이다. 그중 첫째 부분은 1954년에 《논문집》이라는 제목으로 제1권이 나온 학술잡지에 실린 논문이다. (이 논문은 서울여대를 포함한 대학 도서관에 소장되어 있다.)

셋째 부분도 《논문집》이라는 제목의 학술잡지 제2권(1955년)에 실린 것이다. 둘째 부분은 1953년에 대한출판문화사에서 출판한 『미분방정식: 법과 이론』의 원고로 보이는데, 확인할 수 있는 것은 1955년에 청구문화사에서 나온 것뿐이다. 최윤식이 쓴 저서로는 『고등대수학』, 『입체해석기하학』, 『미분방정식 해법론』, 역서로는 『Advanced Calculus by Wood, Differential and Integral Calculus by Kells』가 있다.

최윤식은 한국에서 박사학위를 받은 최초의 수학자로 《대한수학회 저널》[53] 창간을 포함하여 한국수학계 발전을 위해 수많은 공헌을 했다.

2006년 국가수리과학연구소 개소식

1958년 최윤식은 대한수학회 저널의 이전 이름인 《수학교육(數學敎育)》 3호에서 구체적으로 국립 수리과학연구소 설립안을 작성하여 그 필요성을 강조하였다. 1970년부터 외국과 교류를 시작한 《대한수학회지》는 오늘날 SCI(Science Citation Index)급 학술지로 성장하였고, 대한수학회가 중심으로 정부를 설득하여 2005년 설립허가를 얻은 국가수리과학연구소(National Institute for Mathematical Sciences: NIMS)는 2006년 개소식을 가진 후 활발하게 활동하고 있다. 1996년 설립되어 순수 수학을 중심으로 수준 높은 업적을 이루어 오고 있는 고등과학원(KIAS)에 이어, 산업적 응용 발전에 초점을 둔 국가수리과학연구소가 활동을 시작하게 됨으로써, 이제 명실공히 수학도 국가 경쟁력 제고에 크게 기여할 수 있는 시대가 열리게 되었다. 이는 1950년대 최윤식 교수의 비전이 꾸준히 이루어지고 있다고 볼 수 있다. 그러나 1954년 자유당의 중임제한 폐지를 위한 헌법개정 개표에 대한 논란 와중에 당시 대한수학회 회장으로 수학적 자문을 한 일로 큰 고초를 겪었다.

8

최초의 한국 수학사 전문가

장기원

張起元, CHANG Ki Won, 1903~1966

장기원은 1903년 평안북도 용천에서 태어나 1915년 용천 의성학교를 졸업하고, 1920년 선천의 신성중학교를 졸업한다. 그 후 1년간 근처의 학교에서 학생들을 가르치던 장기원은 1921년 연희전문학교 수물과에 입학하여 1925년에 졸업하고 잠시 조교로 근무한다. 1924년 교토제국 대학 이과에 위탁생으로 유학을 간 연희전문학교 수물과 1년 선배인 신영묵[54]의 영향을 받은 장기원은 1926년 일본 센다이에 있는 도호쿠제국 대학 수학과에 한국 사람으로는 처음으로 입학하여 1929년 수학으로 이학사 학위를 취득하였고, 피나는 노력의 결과 최우등으로 졸업하게 되었다.

지금도 도호쿠대학에 가면 조선의 산학책 중 일부의 기증자가 장기원으로 되어 있다. 그 학교 수학과에는 하야시 쓰루이치 교수와 그 후계자인 후지와라 마쓰사부로 교수가 있었는데, 아마 그들의 영향으로 장기원은 한국 수학사에 관심을 갖게 되고, 또 조선의 옛 산학책을 도서관에 기증했던 듯하다. 도호쿠대학 도서관은 1만 7천 점의 과학사 자료를 갖고 있음을 자랑하고 있는데, 특히 일본 산학의 대표 업적인 화산 분야 책이 1만 점 이상이라고 알려져 있다. 이 분야에서는 일본 최대 수집처라는 것이다. 이들 일본 수학서 상당수는 이 두 교수의 이름 아래 도서관에 보존되어 있다. 장기원은 졸업 후 귀국하여 이화여전(현 이화여자대학교) 교수로 10년간(1929-1939) 재직하였다. 그러나 이화여전에는 수학과가 없었으므로, 전공이 아닌 화학, 영양화학 등을 강의하였다. 동시에 그는 연희전문학교 수물과에 수학강사로 출강하였고, 강의한 과목은 해석기하였다.[55]

장기원은 1940년 이화여전을 사직하고 9월부터 연희전문학교 수물과의 전임강사로 강의를 시작한다.[56] 1940년에는 간단한 주판 계산기를 발명하여 특허를 받았다고 기록되었다.[57] 1945년 해방 후 1946년 연희대학 수물과에서 수학과가 분리되면서 장기원은 해석학, 미분기하, 현대대수학 등을 강의했다.

연희대학과 세브란스의과대학이 통합한 연세대학교 교수로 근무하던 1960년 대한수학회 초대회장인 최윤식 박사가 갑자기 별세하자 부회장이던 장기원이 회장직을 맡게 되어 1960년부터 1966년까지 대한수학회 2대 회장을 역임하였으며, 1966년 학술원 회원에 피선된다. 1962년에는 경북대학교에서 명예 이학박사 학위를 받았다. 1966년 11월 5일 이사한 새 집에 동료교수들이 집들이를 온다고 연락하자, 미리 가서 집 천장을 수리하다 사고로 별세하기 전까지 연세대 수학과에서 많은 후진을 양성하며 학장과 부총장을 역임하였다.

학자로서 장기원은 평생 두 개의 과제를 가지고 살았다. 그 첫째는 '조선 고유수학사의 연구'였다. 그는 조선의 옛 수학 고문서를 수집해 가면서 연구를 진행하기는 하였다. 주로 19세기 말의 형제과학자 남병철(南秉哲, 1817~1863)과 남병길이 쓴 수학책을 탐독하였다. 그러나 당시 여건은 그에게 연구에만 몰두할 수 있는 시간 여유를 허락하지 않았다. 1960년대에 그는 학장직에 있으면서도 1주일에 20여 시간씩 강의를 했다.

두 번째 과제는 1852년 드모르간(A. de Morgan, 1806. 6. 27-1871. 3. 18)이 제기한 이래 수학계의 미해결 문제로 남아 있던 4색 문제(Four Color problem)였다. 장기원은 유학시절부터 이 문제에 도전하였다. 수학 자료와 정보가 미흡하고, 대학에서의 수학교육도 걸음마 시절이던 1940~1950년대의 신학문 여명기에 한 세기를 걸친 수학의 미해결 문제를 연구하고 스스로 해결점을 발견하였다고 믿고, 그 내용을 영문으로 정리하여 동료 수학자들에게 보냈으나 발표되지는 않았다. 1960년대 초 장기원은 자신이 일반적인 4색 문제를 수학적 귀납법에 의하여 완전하게 증명하였다고 믿었고, 그 당시 미국에서 막 귀국한 정경태에게 자신이 얻은 결과를 검토해 줄 것을 부탁하였다. 여러 날에 걸친 검토 결과, 정경태는 5중점의 경우에는 그의 방법이 적용될 수 없음을 발견했다. 그러나 장기원이 도입한 짝수 쌍(even pair)과 짝수 체인(even chain)의 개념, 그리고 '환원법(method of reduction)'이라고 명명한 새로 개발된 방법은 매우 신선하고 유용한 것이라고 평하였다.[58]

장기원은 일단 1차 결과를 1965년 《연세논총》에 발표하였다. 후에 미국에 사는 그의 딸 장혜원 박사가 1997년 뉴욕 컬럼비아대학을 방문 중인 곽진호 포항공대 교수에게 4색 문제에 관한 장기원 교수의 유고를 전해주었고, 그 내용이 비로소 대한수학회 소식지 1998년 1월호(제57호,

<장기원교수 유고>

A proof of the Four Color Problem

Ki Won Chang

The four color problem has generally been known since 1840.

It would be sufficient only to recommend Professor Philip Franklin's Galoi Lecture for its origin, history and bibliographics. In this paper I have tried to solve this problem by introducing the concepts of odd(even) 0-cell, odd(even) 2-cell, regular complex and regular odd(even) chain.

1 Definitions : The definitions are as follows :
(1) Odd(even) 0-cell : When a 0-cell is incident with an odd(even) number of 1-cells, as shown in Fig. 1(a) and 1(b), it is

2-cells by two numbers 1 and 2 in such a way that no two adjacent 2-cells receive the same number.

Fig. 3 A regular complex
(4) Regular 2-chain : Connected 2-cells as

4색 문제에 대한 장기원의 논문(1998)

9-12)에 소개되었다. 일제 강점기인 1930년대 유행하던 말 가운데 '최대수와 장기하'란 표현이 있다. 앞에서 설명한 것처럼 대수를 잘한다고 소문난 최규동과 기하에 탁월하다는 장기원 두 사람을 가리킨 말이었다. 그만큼 1930년 전후 최규동과 함께 장기원은 식민지 시기 수학 대중화에 큰 공을 남긴 당대의 대표적 수학자였던 셈이다.

한국 수학사 관점에서 볼 때 장기원의 한국 수학사 연구는 한국인으로서는 최초이자 당시는 유일했다. 선진국에서는 주요 과제로 부상한 수학사 연구를 우리 수학자들이 간과하고 있다는 사실에 통탄해 하던 그는 일찍이 일본 도호쿠제국대학 시절부터 한국 수학사료 수집에 손대기 시작하였다. 우리나라 방방곡곡에 흩어져 있던 고서적 서점, 도서관, 개인 서가, 그리고 사찰 서가를 찾아다닌 보람으로 많은 주옥같은 사료를 발굴했는데, 그 대표적인 것으로『산학정의(算學正義)』(1867),『묵사집(默思集)』,『중간산학계몽(重刊算學啓蒙)』,『구수략』,『양휘산법』,『산학원본(算學原本, 1700)』,『산학입문(算學入門)』,『산법전서(算法全書)』,『습산진벌(習算津筏, 1850)』등이 있다(정경태, 1966, 故 장기원 선생님을 추모하며, 수학교육5(2), 2). 그가 대한수학회 회장으로 재직할 때 발간했던 대한수학회 저널 2호《수학》에는(1965년 10월) 직접 권두언을 쓰고, 더불어『한국 수학사료 수종(數種)』이라는 제목으로 자신이 발굴한 조선 산학 사료들에 대한 소개를 하였다. 장기원이 어려운 연구 여건에서 헌신적으로 수집한 우리 민족의 전통산학 사료 155종 정도가 그가 소장했던 조선의 천문과 물리와 같은 다른 과학 분야의 고서 및 개인 사료와 관련 기록들과 함께 현재 연세대학교 도서관에 기증되었다. 그리고 장기원이 별세한 뒤에 제자들이 정성을 모아 1971년 연세대학교 교정에 장기원기념관을 지어 그의 후학에 대한 교육열과 애교심을 기렸다. 장기원 교수가 남긴 한국의 전통산학 사료와 근대 수학 자료는 현재 장기원기념관을 헐고 새로 지은 연세대 중앙도서관 내 고서실과 장기원기념실에 분류되어 보관되고 있다.

9

한국 최초의 여성 수학박사

홍임식

洪姙植, HONG Imsik, 1916-2009?

8·15 광복 당시 대학에서 수학을 전공하고 이학사 학위를 취득한 한국
인의 수는 10명 내외였다. 전문학교를 나와 수학을 가르치고 있던 사람
들의 수도 10명을 넘지 않았다. 광복 직후 고등교육기관의 교수로 재직
하고 있던 수학자들은 이춘호(연희전문학교 교수), 최윤식(경성광산전문학
교 교수), 장기원(연희전문학교 교수), 김지정(경성제국대학부설 이과중등교원
양성소), 최종환(경성제국대학부설 이과중등교원양성소) 등 몇 사람뿐이었다.
이 외에 박정기(도호쿠제대 조수), 정봉협, 이정기, 신영묵, 한필하, 유충
호, 홍성해, 이성헌, 정순택(도호쿠제대 졸업), 박경찬, 홍임식, 심형필, 유
희세, 이재곤, 최규동(중동중학 교장) 등도 수학분야에 종사하고 있었다.
1946년 가을 서울대학교 개교 이후에는 김정수, 박을룡, 최병성, 한화석
그리고 백운붕 등이 추가되었다.

홍임식은 8·15 광복 당시 유일하게 인정받는 한국인 여성수학자였다. 홍임식은 경기고등여학교 26회 졸업생으로 일본 나라여자고등사범학교 이과와 히로시마 문리과대학 수학과를 졸업했다. 그리고 1944년 귀국한 후 경성제국대학 이학부에서 우노 토시오(宇野 利雄, 1902-1998, 도쿄제국대학 졸업) 교수의 조수로 근무하고 있었다. 그는 경성제국대학 예과 교수로 근무하면서 이임학을 지도하였다. 1945년 제2차 세계대전이 끝나자 일본으로 돌아간 우노 교수는 1949년부터 도쿄도립대학 교수로 근무하다, 1959년 니폰대학 수학과 교수가 된다. 그는 일본 수학 수치계산 분야의 아버지라고 불리운다.

홍임식은 경기여고 교사로 근무하다, 우리나라와 국교가 끊어진 일본으로 밀항하여 유학을 간다. 우노가 일본으로 돌아가서 홍임식의 일본 방문을 주선한 것으로 여겨진다. 홍임식은 일본으로 출국 전에 청구문화사로부터 부탁을 받은 그랑빌(Granville)의 미적분학책을 번역하는 일을 이임학에게 부탁했는데, 번역된 이 책이 당시 베스트셀러가 되었다. 일본으로 건너간 홍임식은 도쿄대학 대학원에 등록한 후, 1959년 도쿄대학에서 수학박사 학위를 취득한다. 이로써 그는 한국인 최초의 여성 수학박사가 된다. 그리고 1964년부터 니폰대학 이공학부 교수로 근무하고 정년퇴임하였다.

우노와 홍임식은 연구와 저술에서 많은 공저를 남겼다. 1966년에는 해석학을 배우는 사람을 위한『급수 입문』[59]이란 책을 출판한다. 1973년과 1974년에는『라플라스 변환(共立全書)』을 같이 저술한다. 1972년에는『응용복소함수(공립수학강좌)』라는 책을 단독으로 집필한다. 1961년에는 '신수학시리즈'에서 물리책『전위(Potential Theory)』를 우노와 공저한다. 2000년에 홍임식은『우노 선생님을 그리워하면서』라는 추모사에서 돌아가신 은사에 대한 감정을 표현하였다. 우노 이치로(宇野一郎)

가 2007년에 쓴 『수학자 우노 토시오와의 약속(문예사)』[60]이라는 책의 168쪽에는 〈애제자, 홍임식 선생의 말〉이 있다. 이를 통하여 홍임식과 은사 우노 교수 사이의 오랜 인연에 대하여 알아볼 수 있다.

홍임식의 연구논문으로는 「헬름홀츠 방정식의 최대 모듈러스법에 관한 소고(A Remark on maximum modulus principle of the Helmholtz equation, 1970)」[61], 「근사 이론 실행에의 균등분배법칙(Gleichverteilung) 응용(근사 이론 연구 프로시딩)(1968)」, 「방정식의 해에 대한 고찰(미분 방정식과 함수 미분방정식 연구회 프로시딩)(1968)」이 있다. 연구 업적은 고정점 진동문제의 고유값에 대한 등주부등식 연구, 진동 고유값의 점근분포, 적분방정식 등을 들 수 있다. 홍임식은 정년퇴임 후 일본 요양원에 계시다 최근에 돌아가셨다.

10

세계에 알려진 최초의 한국인 수학자

이임학

李林學, Imhak Ree, 1922 ~2005. 1. 9

청년이던 이임학 교수는 1940년대 후반의 어느 날 남대문 근처를 지나다가 미군이 버린 고서 더미에서 《미국수학회보(Bulletin of the American Mathematical Society》를 발견하였다. 그는 이 수학저널에서 조른(Max A. Zorn)이라는 유명한 수학자가 미해결로 제시한 문제를 연구한 후 답을 발견해 조른 교수에게 편지를 보냈다. 편지를 받은 조른 교수는 그 편지를 근거로 논문을 작성하여 저자를 '이임학(Ree, Imhak)'이라는 이름으로 1949년 《미국수학회보》에 발표하였다. 바로 이 논문은 국제저명학술지에 실린 최초의 한국인의 논문이 되었다.

이임학은 함흥 태생으로 어려서부터 수재로 이름을 날렸으며 1939년 3월에 함남중학(함흥고등보통학교) 5학년을 1등으로 졸업하고, 그해에 경성제국대학 예과 이공계에 입학하였다. 일본인 동창생 다케나카 기요시 교수의 회고에 의하면, 이임학은 입학하자마자 예과시절부터 수학에 두각을 나타냈으며, 수학과 물리학 과목 교실에서는 동급생들은 이해도 못하는 어려운 질문을 하여 교수들을 난처하게 만들기도 하였다고 한다. 1학년 때 대수, 기하만을 배우고 그것을 수학의 전부라고 생각하고 있었던 많은 동급생들에게 사영기하학을 설명하면서 수학의 범위가 얼마나 넓은가 가르쳐 주었다. 또한 그 무렵에 나온 다카기 데이지(高木貞治)의 『해석개론』을 친구들에게 꼭 읽어 보라고 추천해 주었는데 자신은 이미 이 책을 어렵지 않게 이해하고 있었던 것으로 보였다고 한다. 3년의 예과 과정을 마친 후, 그 당시 수학과가 없었으므로 이공학부 물리학과로 진학하여 1944년 9월에 졸업했다. 졸업 후 곧 바로 만주 봉천시(지금의 중국 동북부 심양시)에 있는 화신산업계열의 항공회사에 취직했다가 1945년 일제가 제2차 세계대전에 패망하기 직전 함흥으로 돌아와 8·15 해방을 맞이하였다.[62]

종전 후 수학에 관심이 있는 사람들이 수학을 공부하기 위해서 서울에 모였다. 이임학은 1945년 당시 경성대학에서 수학을 가르치기 위해 지망한 15명의 수학자 중에서 뽑힌 3인 중 한 사람이었다. 1945년 경성대 수학과에서 김지정 학과장과 함께 강의를 시작한다. 그러나 1946년 국대안 파동으로 사임하고 고향에 있는 부모와 누이를 만나러 함흥으로 갔다. 그러나 공산화된 북한에서 공포를 느꼈으며, 마치 영화에서와 같이 아슬아슬하게 남한으로 탈출했다고 한다. 서울에 돌아와서 휘문학교에서 강의를 하다, 최윤식 신임 수학과 학과장의 초청으로 1947년 초 서울대학교 수학과 교수로 다시 정식 발령을 받는다.

1949년 이임학 교수는 천주교 수녀님에게 부탁해서 미국의 출판사에 수학책을 주문해 구입하였다. 『위상수학(Topology)』(S. Lefschetz 저)과 『대수곡선(Algebraic curves)』(W. Fulton 저), 『리군이론(Theory of Lie groups』

(Claude Chevalley 저)이 그 책인데, 아마 이 책들이 한국에 직수입된 최초의 미국 대학 수학교재였을 것이다. 이들 책의 일부는 그 다음 학기에 학부 학생들의 교과서가 되었다. 1950년 6월 25일 한국전쟁이 발생하자 그해 말에 부산으로 피난하자 부산 전시대학에서 강의를 하였다. 1952년 미국수학회의 《수학리뷰(Math Review)》에 캐나다 밴쿠버 시 브리티시컬럼비아대학(University of British Colombia[UBC])의 제닝(Jennings) 교수가 쓴 재미있는 논문을 발견한 이임학 교수는 제닝 교수에게 그 논문에 대한 편지를 썼다. 편지를 받은 제닝 교수는 이임학 교수가 브리티시컬럼비아대학 대학원 과정에서 공부할 수 있도록 초청하였다. 1953년 8월 5일 이임학은 부산항에서 미국 증기 화물선을 타고 9월에 시작하는 신학기에 맞추어 후배들의 배웅을 받으며 출국하였다. 당시 배로 캐나다까지 가려면 한 달 정도 걸렸다.[63]

1955년 이임학은 한국인으로서는 두 번째로 수학 박사학위를 취득하고(연희전문 수물과 1회 졸업생으로 시카고대학에서 석사학위를 받고, 1938년 미국의 노스웨스턴대학에서 수학박사학위를 취득한 장세운이 첫 번째 한국인 수학 박사이다), 캘리포니아에 있는 한국영사관에 여권 연장을 신청했다. 이임학은 단지 수학을 연구하기 위한 자료가 풍부한 북미대륙에서 더 공부하기를 원했던 것이다. 그러나 영사관은 2년간 휴직을 마친 한국의 공무원(서울대 수학과 교수) 이임학에게 한국으로 돌아가라고 압력을 행사하며 여권을 뺏는다. 이임학은 평생 이 일로 가슴 아파했다. 여권을 뺏기고, 무국적자가 된 후 이임학은 정신적, 경제적 수모와 괴로움을 겪으면서 미국 동부 예일대학에서 박사 후 연수를 마친 후, 밴쿠버에 돌아와서 브리티시컬럼비아대학 수학과 교수로 연구에 몰두하며 캐나다에 정착하였다.

1957년에는 이전에 알려진 바 없던 새로운 종류의 단순군(單純群)을 발견하여 수학계에 보고함으로써 세계적으로 이름이 알려지게 되었다. 특히 이임학의 '리군(Ree Group)'이론은 이임학의 성을 딴 리군으로 나와 있으며 이 업적으로 캐나다 학술원 회원으로 선정되었다. 유한 단순군이 가치가 있고 중요한 이유는 그것들이 복잡하고 발견하기 쉽지 않기 때문이다. 역사적으로 유한 단순군은 1870년 죠르당(Jordan)에 의해서 맨 처음 발견되었는데, 그것은 유한체위에서의 행렬군이었다. 30년 후에 딕슨(Dixon)이 유한체위에서의 행렬군을 연구하여 책을 썼고, 그렇게 함으로써 그는 단순군의 수열을 발견하였다. 그 후로 50년 동안 누구도 단순군을 발견하지 못하고 있었다.

그러다 1955년 슈발레(Chevalley)에 의해서 발전이 촉발되었다. 그는 단순 리(Lie) 대수의 자기 동형사상군으로 고전적인 단순군의 정의를 통일하였는데, 이것은 그로 하여금 1950년대에 처음으로 새로운 단순군을 발견하게 만들었다. 이임학은 즉시 이 논문의 중요성을 깨닫고 주의 깊게 읽기 시작하였다. 그 후 이임학은 슈발레 군과 죠르당-딕슨의 고전 군을 연관시키는 논문을 발표하였다.

그리고 발견은 이어졌다. 처음 발견은 스타인버그(Steinberg)가 하였다. 「슈발레 논문에 대한 변형」이라고 명명되어진 논문에서 스타인버그는 자기동형군을 이용하여 슈발레 군과 딕슨이 연구한 결과의 틈을 메꾸었으며, 그렇게 함으로써 2개의 단순군 수열을 발견하였다. 스타인버그의 발견은 1959년에 있었고, 1960년에 스즈키(Suzuki)가 브라우어(Brauer)의 연구 결과에 의하여 또 하나의 단순군을 발견하였다.

이임학도 새로운 단순군을 발견하였다. 그는 스즈키의 단순군과 슈발레 유형에 대한 해석을 면밀히 조사하고, 같은 방법을 리 대수의 두 가지 이상의 유형에 적용하였다. 그리고 모든 것이 그것으로 종결되었다. 즉 더 이상의 리 유형의 단순군도, 그리고 단순군의 무한 수열도 없었다.

청년 이임학

이임학의 G 유형 단순군에 관련하여 재미있는 사실이 한 가지 있다. 딕슨이 책을 썼을 때와 동일한 시기에 번사이드(Burnside)가 군론(Classical group)에 관한 책을 썼고 두 개의 가설을 제시했다. 그중 하나가 "비순환유한군의 차수가 짝수인가" 하는 것이다. 이 기초적인 문제가 1953년에 파이트(Feit)와 톰슨(Thomson)에 의해서 증명되었고, 이것은 학술잡지의 255쪽에 해당하는 분량의 논문이었다. 재미있는 사실은 모든 알려진 유한 단순군의 차수는 3의 배수였다. 그러나 '3'은 번사이드의 가설에 나타나지 않았다. 그는 '이임학의 군'이 발견되어지기 50년 전에 그것들에 대해 마치 알고 있었던 것 같아 보였다. 왜냐하면 이임학의 G 유형 군들은 3으로 나누어지지 않는 유일한 단순군이기 때문이다. 이임학은 무한 단순군들의 발견에 종지부를 찍었다. 나머지 것들은 총 합해서 26개인데, 대체적으로 하나씩 하나씩 발견되어졌으며 저널로 약 5,000쪽 정도에 해당한다. 이와 관련한 발견은 대체로 1981년에 끝났다고 생각한다. 그의 리군에 대한 연구는 관련 논문이 1984~1994년까지 90여 편 나올 만큼 세계수학사에 중요한 연구 업적으로 남아 있다. 많은 수학자들은 유한 단순군의 분류가 20세기에 가장 중요한 수학 업적의 하나라고 믿는다. 20세기의 수학 역사에 대한 책이 집필될 때 유한 단순군 분류는 중요한 위치를 차지할 것이고, 이임학 교수는 당연히 언급될 것이다.[64] 이임학이 발견한 군들은 많은 수학자들에 의해서 '리군'으로 잘 알려져 있다.

헝가리의 유명한 수학자 폴 에르되슈(Erdos)가 밴쿠버에 강연을 하러 오자 이임학의 집에서 파티를 열었다. 이임학은 자신의 고향 함흥에 가족이 남아 있는데 생사를 모른다고 했더니, 에르되슈가 북한의 가족 주소를 묻더니 바로 헝가리 외무성과 헝가리 평양 주재 대사관을 통하여 가족들 현황과 사진을 받아 보내주었다. 이임학이 서울에 계시던 어머니께 이 소식을 보냈는데 이 일로 이임학의 어머님과 누이동생이 중앙정보부에 불려가 고초를 당하였다고 한다. 그 후 1980년대에 직접 함흥을 방문하였는데, 함흥에 있는 친척만 만날 수 있었고 북한의 수학자는 만나지 못했다고 한다. 차나 기차로 밤에만 이동하고 지도원이 따라다녀 친척을 만나는 일 외에는 아무것도 할 수 없었다고 한다.

그러나 1966년 모스크바 국제수학자대회(ICM)에서 서울대 교수로 재직 중 월북한 김지정과 경성사범 교수였던 이재곤, 남북 이산가족 방문단으로 여든이 넘은 노모를 만난 김일성대학 조주경 교수 등을 만났다고 한다. 김지정 교수는 일제 시대 때 도쿄대 수학과를 졸업한 한국인 두 명 중의 하나로 코다이라, 이토와 동창생이었다. 김지정의 경우 그 후 하바나 대학 방문 시 이임학에게 서신을 보낸 적도 있다고 했다.

가장 권위있는 수학자들의 역사서라고 할 수 있는 듀도네(J. Dieudonne)의 저서인 『순수수학의 파노라마(A Panorama of Pure Mathematics)』에서 소개한 군론 분야의 위대한 수학자 21인에 한국인 최초로 이임학이라는 이름이 들어가 있다. 그의 이름은 MIT에서 발행되는 수학사전(일본 이와나미 수학사전의 영역판)에도 기록되어 있다. 그 수학 사전에 기록되어 있는 다른 한국 수학자는 펜실베니아대학 수학과 학과장을 역임한 임덕상 교수뿐이다. 1970년대 확률론 분야 최고의 학자였던 중카이라이(Chung Kai Lai, 鐘開來) 스탠포드대 수학과 교수가 밴쿠버에서 있었던 수학회에 참석했을 때, 모든 일정을 단축하고 이임학 박사를 만나기 위해 노력했다고 한다.

대한수학회 50주년을 기념하여 1996년 이임학 교수가 한국을 방문해서 포항공대, 서울대, 대한수학회 등에서 강연했으며 많은 인터뷰를

하였다. 종종 본인 연구의 성공에 대한 비결을 질문 받곤 하였는데 "나는 결코 성공적인 연구를 한 적이 없다. 어느 정도 남부끄럽지 않은 연구를 하려고 노력을 했으나, 실패와 실패를 반복하였다"라고 대답하였다. 모두가 어리둥절하여 그 의미에 대하여 다시 질문했다. 이임학 자신은 오랫동안 정수론의 아틴(Artin) 문제를 풀길 원했다고 말했다.[65]

2005년 1월 9일 운명한 그는 20세기 위대한 수학자 중 한 명인 랭글랜드(Robert Langlands)에게 대수학을 가르친 은사로도 유명하다. 이임학은 2007년 한국과학기술인 명예의 전당에 헌정된 처음이자 현재까지는 유일한 한국인 수학자이며, 영국 수학 아카이브 수학사 사이트 (MacTutor History)에 기록된 처음이자 현재까지 유일한 한국인 수학사이다. 이임학 교수의 장례 기념식장에서 브리티시컬럼비아 대학 수학과장인 블루만 (Bloomann) 교수는 이임학 교수의 수학적 업적을 소개하면서 '이임학 교수가 브리티시컬럼비아대학 수학과를 세계지도 위에 올려놓았다'고 소개하였다.

5장

동아시아 근대 수학의 개척자

중국인 최초의 수학 박사

후밍푸

胡明復, HU Ming Fu, 1891-1927

후밍푸는 중국 장쑤성 우시 출신으로 현대 중국의 첫 번째 수학 박사이
자 근대 중국 역사상 최초의 민간 종합 과학단체이자 근현대 중국 역사
상 가장 규모가 크고 영향력이 넓은 과학단체인 중국과학사(中國科學社,
1915-1960)를 만들었다.

  1901년 남양공학부속소학당(南洋公學附屬小學堂, 현 남양모범중학교)에
입학하여 이듬해 중학부로 올라갔다. 그 후 상해중등상업학교, 남경고
등상업학당에서 공부하였다. 1910년 정부 지원으로 미국 유학길[1]에 올
라 1914년 여름 코넬대학을 졸업하였다. 졸업 후 여러 중국 유학생들과
과학으로 나라를 구한다는 목표로 최초의 종합 과학잡지 《과학(科學)》
을 만들었다.

  1917년에는 하버드대학에서 수학전공으로 박사학위를 받았다. 근대
수학사학자들은 대개 이때를 중국 현대수학이 시작되는 시기로 본다.
당시 그의 박사논문 「경계조건을 가지고 있는 선형미분적분방정식」은 국제 수학계의 주목을 받았다. 1917년 9월 귀국하여 상하이대동대학에서 수학과 주임교수를 역임하였다. 또한 국립동남대학, 남양대학 등에서 교수직도 맡았다. 후밍푸는《과학》편집과 중국과학사 발전에 큰 공헌을 하였으나 불행하게도 1927년 젊은 나이에 익사하였다.

2

중국 현대수학의 개척자

화뤄겅
華羅庚, HUA Luo Geng, 1910-1985

화뤄겅은 세계적인 수학자로 중국의 해석적 정수론, 행렬기하학, 군론, 함수론에 대한 연구의 창시자이자 개척자이다. 화뤄겅은 중학교를 졸업한 후 상하이중화직업학교(上海中華職業學校)에서 공부하다 학비를 낼 수 없어 중도에 퇴학하였다. 그러나 그는 5년간 스스로 공부하여 고등학교, 대학 저학년의 모든 수학과정을 독학으로 공부하였다. 20살 때 아벨의 연구에 대하여 중국인 수학자가 발표한 논문의 오류를 지적하는 논문을 발표하면서 그 가능성을 인정받아 시웅 칭라이(熊慶來)의 추천

1985년 6월 12일 화뤄경의 도쿄대학 초청강연 모습

으로 칭화대학 연구원으로 초빙되었다. 1931년부터 화뤄경은 칭화대학에서 일하면서 공부를 하였는데, 1년 반 만에 수학과의 모든 과정을 학습하였다. 또한 독학으로 영어, 불어, 독일어를 공부하여 국외 저널에 3편의 논문을 발표한 후 바로 강사로 임용되었다. 1936년 영국 케임브리지 대학으로 건너가 2년간 많은 수학적 난제들을 해결하였는데, 가우스에 관한 화뤄경의 논문은 세계적으로 명성이 높았다. 전쟁이 발발하여 중국에 돌아온 뒤 쿤밍에서『퇴루수론(堆疊數論)』을 썼다. 그는 학사학위도 없었지만, 200편 이상의 연구논문을 발표하였고 명예박사학위를 받았다. 1946년 9월 프린스턴 대학의 요청으로 미국에서 강의를 하였고, 1948년 미국 일리노이대학에 교수로 초빙되었다.

중국 정부가 수립된 후 화뤄경은 미국 대학의 좋은 대우를 뒤로 하고 당시 열악한 여건의 중국으로 돌아와 중국의 수학과 과학 연구에 헌신하였다. 1950년 3월 그는 베이징에 도착하여 칭화대학 수학과 주임, 중국과학원 수학연구소 소장을 역임하였고, 1958년 중국과학기술대학 부총장과 수학과 주임을 겸임하였다.

화뤄겅의 「다변수 복소함수론에 관한 논문」은 1957년 1월 국가 발명 1등상을 받았고, 중국어, 러시아어, 영어로도 출판되었다. 1957년 『수론도인(數論導引)』, 1963년 그의 학생과 함께 『전형군(典型群)』을 출판하였다. 또한 화뤄겅은 평소 사색을 좋아하여 주변의 물건에 대해 생각했던 기록을 부지런히 남겨두었다고 한다. 화뤄겅은 수학이론의 연구와 동시에 수학과 공학을 결합하려는 시도를 하였다. 몇 번의 실행을 거쳐 그는 수학의 통주법(統籌法, Overall Planning Method)과 최적화이론(우선법, 優選法, Optimization Method)이 공업 생산에 적용되어 보편적으로 업무 효율을 높이고 업무 관리를 바꿀 수 있다고 생각하였다. 화뤄겅은 평소 "나의 가장 큰 희망은 생명이 다하는 마지막 순간까지 일을 하는 것"이라고 하였다.

1985년 6월 12일 화뤄겅은 요시다 고사꾸(吉田 耕作)의 초청으로 일본 도쿄대학에서 초청강연을 하였는데, 원래 45분으로 예정되었던 강연을 1시간 넘겨 마친 후 갑자기 강단에서 심장마비로 쓰러졌고 바로 병원으로 옮겨졌으나 사망한다. 2009년 9월 10일 화뤄겅은 '중국 정부 수립 이후 중국을 감동시킨 100명의 인물'에 포함되었다.

버클리대 수리과학연구소 초대 소장

천싱선

陳省身, CHERN Shiing-Shen, 1911-2004

천싱선은 20세기를 대표하는 세계적인 기하학자로 어린 시절부터 수학
에 재능을 보여 미분기하학 분야에서 탁월한 공헌을 하였다. 유클리드,
가우스, 리만, 카르탕을 잇는 기념비적 인물로 평가받고 있다. 1930년
톈진의 난카이대학(南開大學)을 졸업하고, 4년 후 베이징 칭화대학(淸華
大學)에서 이학석사학위를 받았다. 1936년 함부르크대학에서 이학박사
학위를 받았고, 다음해 귀국하여 칭화대 수학과 교수가 되었다. 1943년
아인슈타인은 천싱선을 뉴저지 주의 프린스턴대학교에 있는 '프린스
턴 고등연구소(IAS)' 연구원으로 임명했다. 1945년 중국으로 돌아와 난
징에 있는 중앙연구원 수학연구소 소장대리직을 맡았다. 1949년부터는
미국 시카고대학교에서 근무하였다. 1960년 UC 버클리대학교 수학과
교수로 옮겨서 1981년까지 근무하였고, 1963~64년에는 미국수학회 부
회장을 역임했다.

　천싱선은 1974년 '천-사이먼스 이론'을 만들었으며, 미국 학술원

회원에 선발되기도 하였다. 1982년 필즈상을 탄 야우(Shing-Tung Yau)는 1971년 22세의 나이로 천교수의 지도로 박사학위를 받은 제자이다. 천싱선은 1981년 은퇴하면서, 버클리의 수리과학연구소(MSRI, Mathematical Sciences Research Institute) 초대소장으로 1984년까지 봉사하면서 MSRI를 세계 최고 수준의 수학연구소로 만들었다. '천-사이먼스 이론'의 공동 저자인 제임스 사이먼스(James H. Simons)는 1961년 UC 버클리에서 미분기하학으로 박사학위를 취득하고 1964년까지 MIT와 하버드대에서 조교수로 근무하다 르네상스 테크놀로지(Renaissance Technologies)를 설립한 유명한 응용수학자이다.

천싱선은 중국 난카이대학에 천싱선 연구소[2]를 세워 세계적으로 유명한 수학자들을 많이 육성하였다. 그리고 '아름다운 수학의 정원으로 걸어 들어가자(走進美妙的數學花園)'라는 수학 행사를 만들었다. 2004년 11월 2일 국제천문학회 소행성명명위원회가 천싱선의 업적을 기려 1998C S2호 소행성을 '천싱선별'로 이름 붙였다.[3] 천싱선 탄생 100주년을 기념하여 2011년 천싱선 수학연구소와 미국 수리과학연구소(MSRI)는 톈진과 버클리에서 2주간 공동 학술회의를 개최하였다.[4] 또, 2011년에 처음으로 개최되어 매년 두 차례 실시되는 '천싱선 수학탐색 및 응용능력 등급 시험'이 있다. 또한 우수한 수학 인재를 뽑기 위해 매년 한 번 개최되며 영향력이 큰 '초중등 천싱선배 수학경시대회'가 열려 그의 업적을 기리고 있다.

1888년 일본 최초의 수학 박사[5]

키쿠치 다이로쿠

菊池大麓, KIKUCHI Dairoku, 1855-1917

키쿠치 다이로쿠는 도쿄대학에서 영어를 배우고 1867년과 1870년 두 차례에 걸쳐 영국에 유학했다. 게이오 의숙을 만든 후쿠자와 유키치(福澤諭吉, 1834-1901)가 주도한 계몽지식인모임 '명육사'에 참여해 활동하기도 했다.

두 번째 유학을 통하여 케임브리지대학과 런던대학에서 수학과 물리학을 배우고 졸업한 후, 귀국하여 1877년(메이지 10년) 신설된 도쿄 대학 이학부 교수가 된다(1877년에는 대학, 1886년 제국대학, 1897년 도쿄제국대학으로 명칭이 변경되었다). 이 시기에 현대 수학을 처음 일본에 소개했다. 영국 유학 중 알게 된 수학자 '칼 피어슨[6]'과 절친한 친구가 되어 귀국 후 피어슨의 책을 일본어로 번역 출판하였다. 일본 중등 교육의 기하학 교과서의 표준이 된 『초등기하학교과서』를 출판하고 교육 칙어의 영어번역에 종사하였다.

이후 도쿄대학 총장, 학습원 원장, 교토 제국대학 총장, 이화학연구소 초대 소장 등을 역임한다. 1888년 5월 일본인 중에 처음으로 제국대학에서 수학박사 학위를 받고, 1902년에는 남작 작위를 수여받았다. 수학자 · 교육자이자 정치적인 능력도 있었기 때문에 제국 학술원 회원 및 동 원장, 귀족원 칙령 선택 의원, 교육부 전문 학무국장, 문부차관, 문교부 장관 등을 역임했다.

5

후지사와 리키타로

藤沢 利喜太朗, FUJISAWA Rikitarou, 1861-1933

후지사와 리키타로는 메이지 시대부터 일본 수학교육의 확립과 서구 수학 도입에 노력했다. 1882년 도쿄대학 이학부를 졸업, 이듬해부터 유럽에 유학하여 런던대학, 베를린대학, 스트라스부르대학에서 공부한다. 베를린대학에서 공부를 하다 스트라스부르대학으로 편입하여 편미분 방정식 분야 연구로 1886년 박사 학위를 취득한다. 1887년 귀국하여 제국대학 이과대학 교수에 취임했으며, 1891년 이학박사(일본 제국대학) 학

위를 얻었고, 1906년에는 제국학술원 회원이 되었다.

후지사와는 키쿠치 다이로쿠에 이어 두 번째 일본인 수학박사이다. 교육행정가로 수학계 외부에서 바쁘게 활동한 키쿠치와 비교하여 후지사와는 꾸준히 연구 논문을 쓴 수학자로 알려져 있다. 후지사와는 대학 수학교육 개혁을 위해 노력하고 독일식 세미나 제도를 도입했으며, 후진을 양성하여 다카기 데이지를 포함한 일본의 1세대 현대 수학자를 배출하였다. 또한 중등 수학교육에도 힘을 쓰고 여러 중학교 수학 교과서를 편찬했으며 이 책들이 많은 중학교와 사범학교에서 사용되었다. 또한 수입한 통계 이론을 일본의 통계자료에 적용하여 '사망생존표'를 만들면서 일본 생명보험 사업의 시작에 크게 기여했다. 기존의 선거에 관한 데이터에 통계 이론을 적용하여 선거법 개정에도 기여하였다.

6

세계에 알려진 첫 일본인 수학자

다카기 데이지
高木 貞治, TAKAGI Teiji, 1875~1960

다카기 데이지는 세계에 알려진 첫 일본 수학자이다. 그는 20세기 초반에 유럽 수학에 비해 훨씬 뒤떨어져 있던 일본 수학의 수준을 세계적인 수준으로 끌어 올리는 데 공헌한 인물이다. 다카기는 1894년 7월 도쿄에 있는 일본제국대학 수학과에 입학한다. 다카기가 제국대학에 입학한 해에는 두 명의 유학파 일본인 수학교수 키쿠치 다이로쿠와 후지사와 리키타로가 수학 과목을 강의하고 있었다. 그들에게 현대수학을 배우고 4년 후인 1898년 다카기는 메이지 정부의 명에 따라 유럽으로 유학을 간다. 유학을 떠나기 전에 1897년 출판된 힐베르트(David Hilbert, 1862~1943)의 저서『정수론 보고서』를 대학 도서관에서 빌려서 탐독하였다고 한다.

1895년 5월 조선이 국비유학생을 일본으로 보냈듯이, 당시 일본 정부는 유능한 대학생들을 유럽으로 보내 공부하도록 지원했다. 다카기가 유럽으로 갈 당시에는 독일의 과학이 유럽에서 가장 앞서 있었기 때문에 처음에는 독일 베를린대학에 입학하였다. 이 무렵 헤르만 슈바르츠도 다카기에게 어느 정도 영향을 끼쳤지만 가장 큰 인상을 심어 준 사람은 전성기에 있던 프로베니우스(1849~1917)였다. 2년 후 괴팅겐대학으로 전학하여 한창 연구력의 정점에 있던 힐베르트와 클라인의 강의를 들으며 지도 받았다. 다카기의 독일 유학 당시에는 대수적 수론(algebraic number theory)의 연구가 괴팅겐대학에서만 진행되었기 때문이다.

그는 괴팅겐 대학의 연구 분위기와 연구 풍토에서 많은 영향을 받았다고 한다. 그는 종종 후학들에게 학문의 진정한 발전을 위해서는 연구 환경이 제일 중요하다고 술회하였다고 한다. 다카기는 유학 중이던 1900년에 이미 도쿄제국대학 부교수로 임명되었지만 다음 해까지 괴팅겐에 머물렀다. 그는 1901년 12월에 귀국한 후 그동안 연구한 내용을 정리하여 1903년 논문 「복소수체 상의 아벨 체에 관하여(über die im Bereiche der rationalen complexen Zahlen Abelschen Zahlkoumlrper)」를 제출한 후 도쿄제국대학에서 박사학위를 취득한다.

그는 박사학위를 취득한 후 바로 정교수로 승진했다. 그러나 1903~1914년 사이에는 논문을 발표하지 않았다. 그의 말로는 당시가 수학적 자극을 주는 분위기가 아니었다고 한다. 오히려 제1차 세계대전으로 유럽 수학계와의 학문적인 교류 중단으로 정보교환에 지장이 크던 시기에 자극을 받아 연구에 몰두하게 되고, 유체이론(class field theory)을 창안하여 크로네커의 추측이 옳음을 증명했다.

그의 학문적인 활동의 전환점은 1920년 프랑스 스트라스부르크에서 개최된 ICM(국제수학자대회)이다. 그는 여기에서 연구 결과를 발표하고 프랑스어로 「대수적 정수론의 일반 정리에 관하여」란 원고를 제출한다. 대수적 정수론이 당시 독일 이외 국가에서는 많이 연구되지 않았고, 프랑스의 압력으로 독일은 그 총회에 참석을 하지 못했기 때문에 다카기의 업적은 그때까지도 국제적으로 주목을 받지는 못했다.

하지만 젊은 수학자 에밀 아르틴(Emil Artin, 1898~1962)이 그의 연구에 주목하기 시작했다. 다카기가 1922년 「임의의 대수체에 대한 교환법칙에 관하여」란 논문을 발표하자, 아르틴은 이 이론을 일반적 상호교환법칙으로 발전시켜 다카기의 유체론이란 이름으로 더욱 정교하게 만들었다. 한편 독일수학회는 헬무트 하세(Helmut Hasse, 1898~1979)에게 1925년 연례 학술회의에서 유체론에 관해 보고해 달라고 요청했다. 하세의 보고서 「유체론 보고」는 세계 수학계에 '다카기-아르틴 유체론'을 널리 알리는 데 큰 기여를 했다. 이로서 다카기는 세계 수학계에 일본인 수학자로서는 처음으로 학술적 인정을 받는다. 이때부터 다카기는 수학계의 유명인사가 된다.

그는 1923년 체코슬로바키아 수물학회의 명예회원으로 추대되었고, 1925년에는 제국 아카데미 회원이 되었다. 1929년에는 오슬로 대학에서 명예박사 학위를 받았으며, 1932년 취리히에서 열린 국제수학자대회에 참석했을 때는 힐베르트나 자크 아다마르(Jacques Hadamard, 1865-1963)와 함께 부회장 자격으로 초대되었다. 그리고 1936년에 처음으로 수여되는 1회 필즈상 수상자 선정위원회에 세계적인 수학자 카라테오도리(1873-1950), 카르탕(1869-1951), 세버리(1879-1961) 등과 함께 수상자 선정위원으로 임명되었다. 또한 미래의 일본 수학교육에 관한 그의 생각과 발언은 매우 큰 영향력을 가졌다.[7]

다카기는 1936년 60세의 나이로 정년퇴직한다. 그해 11월에 도쿄제국대학 명예교수로 임명되며, 1940년 11월 3일 일본 정부가 수여하는 최고의 문화훈장을 받는다. 다카기는 퇴임 후에도 여전히 도쿄제국대학 수학과 세미나에 참여하며 후학들을 지도하고, 저술활동을 하여 여러 곳에서 초청을 받아 다양한 강연을 한다.

다카기는 1960년 자신이 사망하기 이전까지 대수학, 해석학, 정수론 및 19세기 수학사 등 다양한 분야의 교재를 많이 집필했다. 이 책들은 제국대학에서의 오랜 강의를 통해 다듬어지면서 일본 대학 수학교육에 큰 영향을 미쳤다. 일제 강점기는 물론 해방 후 한국 대학의 수학과 초기 교재 중에도 그가 쓴 책이 빠지지 않았다.

그의 제자[8]인 이야나가(Shokichi Iyanaga)와 쇼다(Kenjiro Shoda)는 그가 세운 일본 수학의 전통을 이어받아 일본인 최초 필즈상 수상자인 고다이라 구니히코(Kunihiko Kodaira)와 세 번째 수상자인 모리 시게후미(Shigefumi Mori)를 배출한다.[9] 아울러 그는 많은 대중 서적을 써서 넓은 독자층을 확보했으며, 특히 일본 젊은이들에게 수학에 대한 관심을 끌어올리는 데 크게 기여했다.

2012년 현재 영국 수학사 사이트[10]에 등재된 일본 수학자 총 32명 중 16명이 다카기의 후학들이다.[11] 이는 타카기의 제자들이 일본 수학 발전에 끼친 영향력을 알 수 있게 한다. 또한 일본 수학자들의 후학양성 체계에 대한 일면을 볼 수 있다.

6장

동아시아의 필즈상과 가우스상 수상자

1. 필즈상

　필즈상의 창시자인 존 찰스 필즈(J. C. Fields, 1863-1932)는 1887년 미국 존스홉킨스대학에서 수학박사학위를 취득한 후 유럽에서 박사후 연구원 생활을 마치고, 1902년부터 약 30년간 토론토 대학 교수로 재직하면서 초기 캐나다 수학 발전에 크게 기여하였다. 1924년 토론토에서 개최된 ICM 추진위원회 회장을 맡았던 필즈가 우수한 업적을 성취한 두 명의 수학자에게 ICM에서 금메달을 수여할 것을 제안하자, 이러한 제안이 곧 의결되었고 필즈는 금메달을 수여하기 위한 모금 활동을 하고, 개인 재산도 보탰다. 그 후 몇 년의 준비 기간을 거쳐 필즈가 세상을 떠난 지 4년 후인 1936년 노르웨이 오슬로에서 열린 ICM에서 첫 금메달이 필즈상(Fields Medal)이라는 명칭으로 하버드대학 알포스(L. V. Ahlfors) 교수와 MIT의 더글라스(J. Douglas) 교수에게 수여되었다. 그 후 제2차

필즈상 메달 (전면) 고대 희랍 수학자 아르키메데스 흉상,
(뒷면) 아르키메데스의 무덤 형상, 구와 원뿔에 대한 아르키메데스의 정리

세계대전으로 인하여 1950년까지 14년간 ICM의 개최와 필즈상 시상이 중단되었다가 1950년에 두 번째 필즈상이 수여되었다. 1950년부터 1962년 사이 4차례의 ICM에서는 각각 2명의 수학자에게 필즈상이 수여되었으며, 1966년 모스크바에서 개최된 ICM부터는 최소 2명 최대 4명까지 주도록 규정을 변경했다. 1936년부터 시작하여 2010년에 이르기까지 총 52명에게 필즈상이 수여되었으며, 수상 당시 수상자의 연구 업적은 대체로 근대 수학 발전의 주류를 형성하고 있는 순수 수학 분야에 한하고 있다.

필즈상 수상위원회는 국제수학연맹(IMU) 집행위원회에서 결정하며 IMU 회장이 자동으로 수상위원회 위원장이 되고, 다른 위원들은 ICM에서 상을 수여할 때까지 회의 내용을 비밀로 관리하는 전통이 만들어졌다. 메달 전면에는 아르키메데스 얼굴과 다음과 같은 글자가 새겨져 있다.

① APXIMHOY
② RTM MCNXXXIII
③ TRANSIRE SUUM PECTUS MUNDOQUE POTIRI.

그 뜻은 다음과 같다.

① 아르키메데스의 얼굴
② 메달을 만든 캐나다 조각가 이름의 첫 글자와 만든 년도인 1933년을 나타냄.
③ 뛰어난 연구를 수상하기 위해 전 세계에서 모인 수학자들을 나타냄.

4년에 한번 ICM이 개최되는 해의 1월 1일에 만 40세 미만의 젊은 수학자를 수상자로 선정한다. 그리고 4년마다 열리는 국제수학자대회(ICM) 개막식에서 지난 4년간 수학발전에 획기적인 업적을 남긴 수학자에게 부여되며 수학 부문에서 가장 권위가 있는 상이라 하여 흔히 '수학의 노벨상'이라고도 부른다. 노벨상 수상자의 평균 연령이 60대인데 비하여, 필즈상 수상자는 평균 연령이 30대로 이 시기에 이미 수학이라는 학문의 최고봉에 도달한 수상자들은 앞으로 장기간에 걸쳐 수학 발전에 기여함을 상징하므로 노벨상보다 더 큰 의미를 지니고 있다.

대부분의 필즈상 수상자들은 수상 후 오랫동안 연구를 활발하게 계속하고 있으며 근래에 와서 급증하고 있는 수학의 자연과학, 기계공학, 사회과학 분야에의 응용의 원동력이 되는 수학 이론 발전에 선구적 역할을 하고 있다. 근래에 와서 자연과학의 발전 추세가 보다 국제화됨에 따라, 노벨상과 더불어 필즈상의 인식도 높아지고 있다. 최근 밀노(J. W. Milnor, 1962), 스메일(S. Smale, 1966), 히로나카(H. Hironaka, 1970), 노비코프(S. P. Novikov, 1970), 야우(S. T. Yau, 1983), 모리(S. Mori, 1990), 젤마노프(E. Zelmanov, 1994)와 같은 필즈상 수상자들이 한국을 방문하면서 한국에서 필즈상에 대한 인식이 크게 높아졌다.[1]

필즈상 역대 수상자

1936년	라르스 알포르스(Lars Ahlfors, 핀란드), 제시 더글러스(Jesse Douglas, 미국)
1950년	로랑 슈와르츠(Laurent Schwartz, 프랑스), 아틀레 셀베르그(Atle Selberg, 노르웨이)
1954년	고다이라 구니히코(Kunihiko Kodaira, 일본), 장피에르 세르(Jean-Pierre Serre, 프랑스)
1958년	클라우스 로스(Klaus Roth, 영국), 르네 톰(René Thom, 프랑스)
1962년	라르스 회르만데르(Lars Hörmander, 스웨덴), 존 밀노어(John Milnor, 미국)
1966년	마이클 아티야(Michael Francis Atiyah, 영국), 폴 코헨(Paul Joseph Cohen, 미국), 알렉산더 그로텐디크(Alexander Grothendieck, 프랑스), 스티븐 스메일(Stephen Smale, 미국)
1970년	앨런 베이커(Alan Baker, 영국), 히로나카 헤이스케(Heisuke Hironaka, 일본), 세르게이 노비코프(Sergei Petrovich Novikov, 소련), 존 G. 톰프슨(John Griggs Thompson, 미국)
1974년	엔리코 봄비에리(Enrico Bombieri, 이탈리아), 네이비드 멈퍼드(David Mumford, 미국)
1978년	피에르 들리뉴(Pierre Deligne, 벨기에), 찰스 페퍼먼(Charles Fefferman, 미국), 그리고리 마르굴리스(Grigory Margulis, 소련), 대니얼 퀼런(Daniel Quillen, 미국)
1982년	알랭 콘느(Alain Connes, 프랑스), 윌리엄 서스턴(William Thurston, 미국), 야우씽퉁(Shing-Tung Yau, 중국)
1986년	사이먼 도널드슨(Simon Donaldson, 영국), 게르트 팔팅스(Gerd Faltings, 독일), 마이클 프리드먼(Michael Freedman, 미국)
1990년	블라디미르 드린펠트(Vladimir Drinfeld, 우크라이나), 본 존스(Vaughan Frederick Randal Jones, 뉴질랜드), 모리 시게후미(Shigefumi Mori, 일본), 에드워드 위튼(Edward Witten, 미국)
1994년	예핌 젤마노프(Efim Isakovich Zelmanov, 러시아), 피에르 루이 리옹(Pierre-Louis Lions, 프랑스), 장 부르갱(Jean Bourgain, 벨기에), 장 크리스토프 요코즈(Jean-Christophe Yoccoz, 프랑스)
1998년	리처드 보처즈(Richard Ewen Borcherds, 영국), 윌리엄 고워스(William Timothy Gowers, 영국), 막심 콘체비치(Maxim Kontsevich, 러시아), 커티스 맥멀린(Curtis T. McMullen, 미국)
2002년	로랑 라포르그(Laurent Lafforgue, 프랑스), 블라디미르 보예보츠키(Vladimir Voevodsky, 러시아)
2006년	안드레이 오쿤코프(Andrei Okounkov, 러시아), 그리고리 페렐만(Grigori Perelman, 러시아), 테렌스 타오(Terrence Tao, 오스트레일리아), 벤델린 베르너(Wendelin Werner, 프랑스)
2010년	엘론 린덴스트라우스(Elon Lindenstrauss, 이스라엘), 응오 바오 쩌우(Ngô Bảo Châu, 베트남), 스타니슬라프 스미르노프(Stanislav Smirnov, 러시아), 세드릭 빌라니(Cédric Villani, 프랑스)

2. 아시아의 필즈상 및 가우스상 수상자

20세기 일본은 세계적으로 유명한 수학자를 많이 배출하였다. 일본은 1950년대에 고다이라, 1960년대에 히로나카, 1990년대에 모리가 필즈상을 수상하였다.

국제수학자연맹(IMU)이 수학 응용분야 최고 공로자에게 4년마다 한 번씩 주는 가우스상의 첫 수상자 이토 키요시도 일본인이다. 이토는 2006년 제1회 가우스상을 수상했다. 그렇다면 이 수상자들에 대하여 자세히 알아보자. 그리고 중국인 수학자 야우 싱퉁과 중국계 수학자 테렌스 타오에 대하여도 알아보자.

일본에 대수기하 연구집단을 만든 수학자

고다이라 구니히코

小平邦彦, KODAIRA Kunihiko, 1915-1997

아시아 사람으로는 처음으로 1954년 첫 번째 필즈상을 수상한 사람은 일본 수학자 고다이라 구니히코이다. 그는 도쿄대학에서 박사학위를 받았는데, 그의 학위 논문이 해외 학술지에 실리고, 그 논문에 주목한 헤르만 바일이 그를 초청하면서 세계 수학계에 알려진다. 고다이라는 미국에 오래 머물렀는데, 가장 오래 몸담았던 곳은 프린스턴대학이다. 주요 업적으로는 수학자 스펜서(Spencer)와 함께 개척한 변형 이론(Deformation theory)이다. 이 이론에서 고다이라는 스펜서와 함께 고다이라–스펜서 사상(Kodaira-Spencer map)을 정의하였는데, 이 함수는 주어진 복소 다양체의 모든 가능한 변형들을 분류해 주는 역할을 한다. 현대 변형 이론의 기초는 고다이라의 업적에서 시작된다고 할 수 있다. 현대의 변형 이론은 퀼런, 드린펠트, 콘체비치 등의 유명 수학자들의 아이디어에 따라 DGA(differential graded algebra), DGLA(differential graded Lie algebra), 혹은 대수적 방식으로 접근을 시도하였고, 이러한 시도들은 연구에 새로운 관점을 제시하였다.

특이점 해소정리(대수기하학)

히로나카 헤이스케

廣中平祐, HIRONAKA Heisuke, 1931년생

히로나카는 고교 졸업 후 히로시마대학 입학시험에 떨어지고, 재수하여 교토대학 수학과에 입학한다. 1954년 졸업 후 미국 하버드대학으로 유학을 가서 1957년 자리스키(Oscar Zariski) 교수의 지도로 대수기하학 분야에서 박사학위를 취득한다. 히로나카의 가장 유명하고도 중요한 업적은 1964년에 증명한 「위수 0인 체 상에서 정의된 대수다양체의 특이점 해소 정리」로, 프린스턴 대학교에서 발간하는 《수학연보》에 두 번에 나누어 출판되었다. 이 업적으로 히로나카는 1970년에 필즈상을 수상하게 된다. 오랫동안 하버드대학 교수로 재직하다 은퇴한 후 일본의 야마구치대학 학장과 서울대 석좌교수를 거쳐, 현재는 소조가쿠엔대학의 이사장으로 있다. 일본으로 복귀한 이후 수학교육에 많은 관심을 가지고 지원을 아끼지 않고 있다. 우리나라에서는 그의 책 『학문의 즐거움』(방승양 옮김, 김영사, 2001)으로도 잘 알려졌다.

3차원 대수다양체의 최소모델 (대수기하학)

모리 시게후미

森重文, MORI Shigefumi, 1951년생

1973년 교토대학을 졸업하고, 1975년 석사학위를 취득한 후, 1978년 나가타 교수의 지도로 대수기하분야에서 논문을 써서 박사학위를 취득 하였다. 나고야대학 강사를 거쳐서 1982년 조교수로 발령을 받고, 1988 년 정교수가 되었으며, 1990년 교토대학 교수로 모교에 돌아왔다. 1977 년부터 1988년까지 미국에서 많은 연구를 수행하였다. 1977년부터 1980년까지는 하버드대에서, 1981-82년은 프린스턴 고등연구소, 1987 년에서 1989년 사이는 컬럼비아대학, 1985년에서 1987년과 1991- 1992년 사이는 유타대학에서 연구를 하였다.

전공은 대수기하학이며, '3차원 대수다양체의 최소모델에 대해서 연 구하여 뛰어난 업적을 남겼다. 이후 고차원 다양체에서도 최소모델을 찾으려는 노력들을 통칭하여 '모리 이론' 혹은 '모리 프로그램'이라고 부르게 되었다.

2006년 1회 가우스(Gauss)상 수상자

이토 키요시

伊藤 淸, ITO Kiyoshi, 1915-2008

국제수학자연맹이 2006년부터 수학 응용분야 최고 공로자에게 주기 시작한 가우스상은 수학을 다른 분야에 적용하여 사람들의 일상생활에 큰 영향을 주는 업적을 이룬 수학자를 기념하기 위하여 제정되었다. 가우스상은 독일수학연맹과 국제수학자연맹에서 공동 수여하며, 독일수학연맹이 관리한다. 메달 전면에는 가우스의 얼굴이 조각되어 있으며 후면에는 그의 최소제곱법을 상징하는 내용이 조각되어 있다. 1회 가우스상을 수상한 이토의 가장 큰 업적은 흔히 브라운 운동을 묘사할 수 있는 것으로 유명한 확률과정(stochastic process) 해석으로, 임의적인 것과 결정론적인 것의 혼합을 수학적 형식으로 나타낸 과정을 다룬다. 이는 주식 가격 등을 예측하는 금융수학, 생물집단의 개체수의 변이 추정 등 응용되는 사례가 매우 많다. 특히, 현재 금융공학에서 널리 쓰이는 블랙-숄즈 방정식의 토대가 되는 이론이다.[2]

일반상대성이론의 양수에너지 정리

야우 싱퉁

丘成桐, YAU Shing-Tung, 1949년생

야우 싱퉁은 미분기하학을 연구하는 중국계 미국인 수학자로, 하버드대학 교수이다. 미분기하학에서 등장하는 칼라비-야우 다양체의 야우가 바로 야우 싱퉁의 이름에서 따온 것이다.

야우는 중국 광둥성 산터우에서 태어났다. 그의 아버지는 대학교 철학교수였으나, 야우가 14세가 되던 해에 사망하였고 야우는 홍콩으로 이주하였다. 홍콩에서 푸이칭중학교를 졸업한 후, 1966년부터 1969년까지 홍콩 중문대학에서 수학을 공부하였다. 대학을 졸업한 후, 미국의 UC 버클리에서 수학 박사과정을 시작하였다. 그의 박사학위 지도교수는 천싱선이었다. 1971년에 박사학위를 받은 후, 1년을 프린스턴 고등연구소에서 연구원으로 보낸 후, 뉴욕 주립대학교에서 2년간 조교수로 근무했다.

1974년, 야우는 스탠포드대학의 정교수로 임명되어서 몇 년을 보냈으나, 1979년 프린스턴 고등연구소 교수로 자리를 옮긴다. 같은 해 그의 박사과정 학생이었던 리처드 숀(Richard Schoen)과 함께 '일반상대성이론의 양수에너지 정리'를 증명하였다. 1984년부터 1987년 사이에는 캘리포니아대학 샌디에이고캠퍼스(UCSD)에서 교수로 있다가 1987년에는 하버드대학 교수로 옮긴 후 현재까지 그곳에서 근무하고 있다.

야우는 수학 분야에서 유명한 상을 많이 수상하였다. 1982년에는 그의 미분방정식, 대수기하학의 칼라비 가설, 일반상대성이론의 양수에너지 정리, 몽주-앙페르 방정식에 대한 위대한 업적의 공을 인정받아 필즈상을 수상하였으며, 1984년에는 맥아더 펠로우십을, 1994년에는 크래포드상을 수상하였다. 1997년에는 미국의 국가 과학메달을 수상하였다. 현재 홍콩과 중국의 수학 발전에 많은 관심을 가지고 지원하고 있다.

6

그린-타오정리

테렌스 타오
陶哲軒, Terence TAO, 1975년생

필즈상을 받은 두 번째 중국계 수학자는 테렌스 타오이다. 타오는 호주로 이민간 부모 아래 호주에서 태어났다. 현재 국적은 호주와 미국이다. 현재 캘리포니아대학 로스앤젤레스 캠퍼스(UCLA) 수학과 교수다. 타

오는 어릴 때부터 호주에서 천재로 유명했는데, 이미 2살 때 고난이도의 덧셈 뺄셈을 할 줄 알았고 11세 때부터는 3년 연속 최연소로 국제수학올림피아드에 참가하기도 했다. 참가 마지막 해인 13세 때 수상한 금상은 아직도 깨지지 않는 사상 최연소 기록으로 알려져 있다.

그는 17세 때인 1992년 프린스턴 대학원 수학과에 입학해 21세에 박사학위를 받았다. 24세에 미국 UCLA의 종신교수로 임명됐다. 그는 왕성한 연구열을 바탕으로 훌륭한 논문들을 저술했고, 수차례의 저명한 수학상을 수상했다. 그의 여러 업적 중 가장 두드러진 것은 '소수 집합이 임의의 길이의 등차수열(Primes in arithmetic progression)을 포함하느냐'는 수세기 전에 제시된 문제를 해결한 것이다. 타오가 자신의 전공 분야와 매우 다른 분야인 혼(Horn)의 가설에 대해 탁월한 공동 연구의 논문을 발표한 것을 보고, 영문 소설 작가가 어느 날 갑자기 러시아어로 된 소설을 쓴 것에 비유하는 사람들도 있다. 한동안 타오가 세계 수학계의 강력한 리더가 될 것으로 예측되고 있다.

타오의 부인은 재미 한국인 교포로 알려져 있다. 2005년 '소수만으로 이루어진 임의의 길이를 가진 등차수열이 항상 존재함'을 테렌스 타오와 벤 그린이 증명하였는데, 이를 그린-타오 정리(Green-Tao theorem)라 한다. 타오는 31세가 되던 해인 2006년 스페인 마드리드 국제수학자대회에서 필즈상을 수상했다. 2009년 12월 이화여대에서 개최된 한국수학회와 미국수학회의 첫 번째 공동학술회에서 초청강연을 하기도 했다.

베트남 출신 필즈상 수상자

능 바오 차오

Ngo Bao CHAU, Ngô Bảo Châu, 1972년생

1972년 북 베트남 하노이에서 태어나서 15살에 베트남국립대학 부속 고등학교에 입학했다. 국제수학올림피아드 29회와 30회에 2년 연속 참가하여, 베트남 학생으로는 처음으로 금메달을 수상한다. 고등학교 졸업 후 헝가리 부다페스트로 유학을 가기로 되었으나 동유럽 경제위기로 무산되자, 프랑스 과학아카데미에서 주선하여 파리 VI 대학에서 장학금을 제공해 공부를 하게 되었다. 그 후 고등사범학교(École Normale Supérieure)에서 공부하고, 1997년에 파리대학에서 라우몬(Laumon) 교수의 지도로 박사학위를 취득한다. 그 후 1998년부터 2005년까지 파리 13 대학에 있는 연구소(CNRS)에 근무한다. 그리고 2003년 교수자격 학위를 취득하고, 파리 11대학 교수로 발령받는다. 2005년, 33세의 나이로 베트남대학의 최연소 정교수로 발령을 받는다. 2007년부터 프린스턴 고등연구소에서 근무하고, 랭글랜즈(Robert Langlands)와 쉘스테드(Diana Shelstad)가 제시한 보형형식(automorphic forms)에 대한 기본 보조정리를 증명한 업적으로 2010년 여름 필즈상을 수상하였다. 2010년 9월 1일 시카고대학 교수가 되었다.

부록

1. 남한과 북한의 수학교류
2. 수학 발달사
3. 동아시아의 시대별 대표 수학책
4. 한국의 주요 수학책(산서)
5. 한국 수학사 연표
6. 조선 말기부터 해방 초까지 우리 근대 수학책과 그에 영향을 끼친 외국 수학책
7. QR코드와 웹주소(동영상 포함)

1. 남한과 북한의 수학교류

해방 후 첫 남북 학자 간의 공식 교류는 1991년 여름 중국 연변대학에서 열린 한민족과학기술 학술회의였다. 정부의 지원을 이끌어낸 한국과학기술단체총연합회 주관으로 과학 기술 여러 분야를 묶은 학술회의가 처음으로 열린 것이다. 당시는 이러한 학술회의가 일반적으로 가능하지 않던 시기지만, 북한에서 화학만은 이승기 박사의 비날론 업적에 긍지를 가져 북한의 조선과학원 소속 함흥 화학연구소의 많은 연구원들이 참석하여 화학 관련 공동학술회의가 준비되면서, 더불어 수학, 물리, 지구과학 등의 분야도 포함된 것이다. 남한에서는 당시 대한수학회 김종식 회장, 우무하 부회장, 기우항 교수, 김도한 총무, 북한에서는 조주경 김일성대학 수학부장, 박태재 김책공업대학 응용수학부장, 정재부 수학연구소 실장, 그리고 재미동포 수학자 채수봉 교수가 참석하였다. 중국동포 수학자로는 연변대 김원택 수학부장, 최성일 교수, 하얼빈 공대 이용록 교수 등이 참석하였다.

　북한의 조주경 교수는 6·25 당시 서울대 문리대 수학과 2학년을 다니다 의용군으로 징집되어 낙동강 전투에서 한 팔을 잃고 이북으로 가서 모스크바대학 유학 후에 조선과학원 원사(院士)까지 역임한 분이다. 재미 동포로 참여한 채수봉 교수는 연변 지역에서 태어나 해방 후 어머니만 남겨 놓고 남쪽으로 피난을 와 어머니의 생사 여부와 묘소를 어느 곳에 모셨는지 백방으로 알아보았으나 묘소조차 찾을 수 없었다는 가슴 아픈 사연이 있었다. 조주경 교수는 마지막 남북 이산가족 상봉단으로 남쪽을 방문하여 부산 지역 절에서 아들만 기다리며 사시던 어머니를 50년 만에 만나 보았다고 알려졌다. 이 학술회의가 성공적으로 마무리되고 다음 해인 1992년 여름에 수학 분야만으로 연변에서 학술회의를 추진했으나 연변행 비행기가 뜨지 않아 베이징에서 중국 과학원과의 회의만 개최되었다.

1994년 8월에는 한국을 방문했던 양러(楊樂) 당시 중국수학회장이 남북 교류를 위하여 중국과학원 주최로 "1994 국제 순수 및 응용수학 학술회의"를 열어 한국에서 36명, 미국에서 동포 수학자 3명, 북한에서 방효숙 수학연구소 연구원, 유네스코 담당 서기, 공산당 지도원 등 3명, 동포 수학자인 한경청 과학원 교수, 이용록 하얼빈 공대 교수, 최성일 연변대 교수 3명을 포함한 33명의 중국 수학자, 필리핀에서 2명, 미국에서 1명 모두 100여 명의 수학자가 참석하였다.

2002년 베이징 ICM에는 20명이 넘는 북한 수학자들이 참석하였다. 북한 수학자 대표로는 연변에서 만났던 정재부 실장이 평양 수학연구소장이 되어 참석하였다. 전반적인 분위기는 남쪽 수학자들이 북쪽 수학자 강연에 많이 참석하여 관심을 보였지만 북한 수학자들은 남쪽 수학자들과 대화하는 것을 상당히 조심하였다.

2005년에는 조총련계 대학인 일본 조선대학교의 수학 교수를 역임한 신정선 교수를 한국에 초청하여 북한의 수학 현황에 대한 대한수학회 총회 초청강연이 있었다. 2006년 마드리드 ICM에는 단 두 명의 북한 수학자가 참석하였다. 베이징 ICM에도 참석했던 정재부 수학연구소장과 김두진 교수인데, 김두진 교수는 《과학원 통보》와 《수학》에 활발하게 논문을 써온 수학자였다. 김두진 교수는 ICM에서 편미분방정식의 제어성에 관한 논문을 발표하였다. 대한수학회는 기초과학학회협의체를 구성하여 남북학술교류를 위해 꾸준히 노력하고 있다. 그 이후 2007년 5월 7일부터 11일까지 남북 과학 기술자들이 한 자리에 모여 학술 발표 및 정보 교류를 통하여 상호 유대를 강화할 기회가 있었다.

평양 순안 비행장에서 김도한 회장(왼쪽)

평양 순안 비행장에서 김도한 당시 대한수학회장은 수학계 대표로 5월 7일 10시에 150명 정도의 참가단과 함께 김포공항에서 모여 11시에 고려항공 전세기를 타고 서해 직항로를 통하여 평양 순안 비행장에 한 시간도 되지 않아 도착했다. 둘째 날은 하루 종일 개성에서 학술회의를 진행하였다. 화학 분야에서 무기 및 나노, 촉매, 고분자 화학 및 재료, 유기 화학 등 4분과로 나누어 남쪽에서 30명 북쪽에서 12명이 발표를 하였다. 고분자 화학 분야에는 비날론을 발명한 북한과학자 이승기 박사의 아들인 이종과 박사도 참석하였다.

일제시대 일본 정규 대학에 조선인 교수는 딱 두 명으로 이승기, 이태규 박사가 있었다. 교토대학에서 이태규 박사가 먼저 촉매 분야 조교수가 되었고, 이승기 박사는 응용화학 분야에서 조교수는 늦게 되었으나 비날론을 발명하여 먼저 정교수가 되었다. 그러나 그럼에도 식민지인 조선 출신 교수는 일본 대학에서 강의를 할 수 없었다. 두 사람은 해방 후 귀국하여 신설된 경성대학 교수로 같이 근무하다 국립 서울대학교 설립안 반대와 관련한 좌우 대립의 와중에 한 사람은 북한으로 가서 김일성대학 교수가 되고, 다른 한 사람은 미국으로 떠나 미국 유타대 교수로 근무하다 한국과학기술원(KIST) 설립에 큰 기여를 한다.

남측 참관단의 다른 분야 학자들은 자기 분야의 학자들을 만날 것을 기대하였으나 북쪽 담당자들은 학자들끼리의 개별적인 접촉은 허용하지 않았다. 김도한 회장은 남북 수학자의 학술회의를 통해 학술교류, 학술용어 통일 문제 등을 다룰 수 있다는 점, 올림피아드에서의 협력, 아시아수학연맹 설립 등에 대하여 남북한의 협력 가능성을 강조하며 북한의 수학자들과의 지속적인 교류를 설득하였다. 앞으로도 남북사이의 긴장이 풀리고 전자우편과 남북학술회의를 통하여 남북의 수학자와 수학교육자들이 지속적인 학술 교류를 하는 날을 기대한다.

우리가 현재 사용하고 있는 수학 용어는 일본어와 영어 등의 영향으로 매우 무질서한데 비해 북측의 용어는 객관적으로 볼 때 개념이 쏙 들어온다. 예를 들어서 '지수'보다는 '어깨수'가 더 이해가 쉽다. 또 남쪽말로는 '소수'라고 하면 '소수점 이하의 수'인지 '자기 자신의 수로만 나누어지는 숫자'를 뜻하는지 구별하기 힘든데, 북한은 앞의 것을 '소수'로 뒤의 것을 '씨수(모든 수의 씨앗이 되는 수)'로 구별하고 있다. 북쪽의 수학 용어 중 '늘같기식', '아낙닮이' 등 일부에 대해서 주체의식을 너무 강조한다는 의견이 국내 수학자들 사이에서 제기되었지만, 일반적으로 북쪽 낱말이 남쪽말보다 수학적 이해가 훨씬 쉽다는 반응이다. 다만 '벡터'를 러시아식표기를 따라서 '벡토르'로 한 것에 대해서는 국내 수학자들이 옳지 않다는 의견이 많았다. 북한에서는 수학 용어의 한글화 작업이 비교적 일찍 시작되었는데, 이 사업은 북한의 이재곤 교수의 주장과 노력으로 시작된 사업이라고 한다. 이재곤 교수는 독학으로 수학을 공부하여 해방 후 경성사범학교 교수로 근무하다 월북하였다. 아래 표를 통하여 남한과 북한의 수학용어 일부를 비교해 보고, 통일 후에 어떤 노력이 필요할 지도 생각해 보자.

남북한 수학용어 비교

남한 용어 ↔ 북한 용어	남한 용어 ↔ 북한 용어
퍼지집합 ↔ 모호모임	교점 ↔ 사귐점
뺄셈 ↔ 덜기	배수 ↔ 곱절수
둔각삼각형 ↔ 무딘삼각형	순열 ↔ 차례무이
접선 ↔ 닿이선	벡터 ↔ 벡토르
해 ↔ 풀이	항등식 ↔ 늘같기식
이항정리 ↔ 두마디공식	공배수 ↔ 공통곱절수
이산 ↔ 띠염	판별식 ↔ 판정식
지수 ↔ 어깨수	등식 ↔ 같기식
치역 ↔ 값구역	단항식 ↔ 짧은마디식
외각 ↔ 바깥각	감소함수 ↔ 주는함수
결합법칙 ↔ 묶음법칙	고립점 ↔ 외딴점
곡선 ↔ 굽은선	공약수 ↔ 공통약수
교각 ↔ 사귐각	교환법칙 ↔ 바꿈법칙
극한점 ↔ 쌓인점	근 ↔ 뿌리
내각 ↔ 아낙각	내부 ↔ 아낙핵
내접 ↔ 아낙닿이	다항식 ↔ 여러마디식
단일폐곡선 ↔ 단순다문곡선	단축 ↔ 짧은축
대각 ↔ 맞문각	대칭점 ↔ 맞놓인점
도수분포표 ↔ 잦음수널림표	둔각 ↔ 무딘각
그래프 ↔ 도표	무모순성 ↔ 일치성
방향계수 ↔ 방향곁수	배반사건 ↔ 등진사건
벤 다이어그램 ↔ 모임그림	변수변환 ↔ 변수바꿈
보각 ↔ 나머지각	분포곡선 ↔ 밀도곡선

사상 ↔ 넘기기	소인수 ↔ 씨인수
수선 ↔ 드덤선	순서쌍 ↔ 두자리묶음
순환소수 ↔ 되풀이소수	스펙트럼 ↔ 스펙트르
승수 ↔ 곱하는수	여집합 ↔ 나머지모임
증가함수 ↔ 느는함수	진동수 ↔ 떨기수
피타고라스정리 ↔ 세평방정리	소수 ↔ 씨수
포물선 ↔ 팔매선	정수 ↔ 옹근수
예각 ↔ 뾰족각	산술 ↔ 셈법
외접 ↔ 바깥닿이	대우 ↔ 거꿀반명제
수렴하다 ↔ 다가든다	역함수 ↔ 거꿀함수
코사인 ↔ 코시누스	정육면체 ↔ 바른육면체
십진법 ↔ 열올림법	종속변수 ↔ 매인변수
부등식 ↔ 안같기식	완비성 ↔ 갖춤성
외각 ↔ 바깥각	우극한 ↔ 오른쪽극한
원주각 ↔ 원둘레각	위치 ↔ 자리
이면각 ↔ 모서리각	이산확률변수 ↔ 띄엄우연량
이심률 ↔ 중심가름률	일차종속 ↔ 일차관련
작도 ↔ 그리기	작용소 ↔ 오뻬라또르
장축 ↔ 긴축	전사함수 ↔ 우로의 넘기기
전체집합 ↔ 옹근모임	정사영 ↔ 바른비추기
정다각형 ↔ 바른다각형	정의역 ↔ 뜻구역
정점 ↔ 꼭두점	제곱근 ↔ 제곱뿌리
조합 ↔ 무이	좌표 ↔ 자리표
주치 ↔ 엄지값	중간값 ↔ 가운데값
진분수 ↔ 참분수	진부분집합 ↔ 참부분모임
집적점 ↔ 쌓인점	집합 ↔ 모임

집합의연산 ↔ 모임의셈법	차집합 ↔ 모임의 차
초점 ↔ 모임점	최빈수 ↔ 가장잦은값
최소공배수 ↔ 가장작은 공통곱절수	치환 ↔ 갈아넣기
켤레복소수 ↔ 짝진복소수	타원 ↔ 긴원
탄성 ↔ 튐성	텐서 ↔ 텐소르
폐구간 ↔ 닫긴구간	피적분함수 ↔ 적분할함수
피제수 ↔ 나누일수	합동 ↔ 꼭맞기
회전각 ↔ 돌림각	대입 ↔ 갈아넣기

2. 수학 발달사

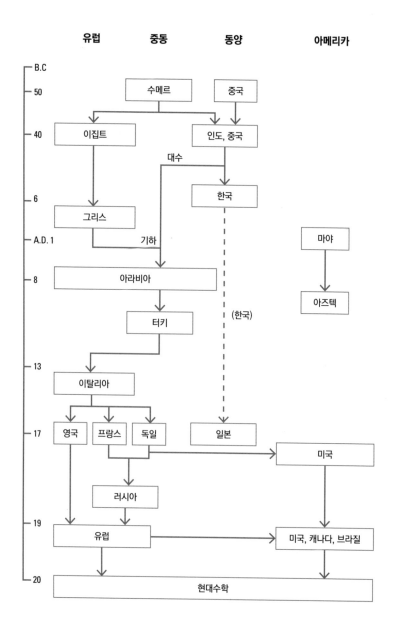

3. 동아시아의 시대별 대표 수학책

	중국		일본	한국			
B.C. 5-	동주	춘추 시대	조몬 문화 시대	고조선			
4-							
3-		전국 시대					
2-	진	분서갱유					
1-	전한	주비산경					
A.D.	신		야요이 문화 시대				
1-	후한	구장산경					
2-		수술기유 (서악)					
3-	위오촉	해도산경 (유휘)		고구려	백제	신라	태학설립
		오조산경 (견란)	고훈 문화 시대	야마토 조정 통일			일본에 역산전파 (역박사)
	서진	손자산경 (손자)		대륙문화 전래			
4-	동진	하후양산경 (하후양)	아스카 시대				
		장구건산경 (장구건)		불교전래			

연대	중국 왕조	중국 수학	일본 시대		일본 사건	한국	한국 사건
	남북조	철술 (조충지)					
6-	수	오경산술 (견란)	하쿠호 시대		견수사 −문화교류		
					고토쿠 천황시대 시작		
7-	당	집고산경 (왕효통)	나라 시대		다이호율령, 국학·대학 (산학제도)		
		[산경십서]					
8-					견당사		
				후지			
9-	오대		헤이안 시대	하라	미나모토노 다메노리 (970)	발해	통일신라
10-	송			헤이시			
11-					계자산법 (후지하라 미치노리)1157	고려	국자감설립
	남송 / 금	수서구장 (진구소)					
12-			가마쿠라 시대				수시력첩법 입성 (강보)
	원	양휘산법 (양휘)					산학계몽
13-		산학계몽 (주세걸)					양휘산법 전래
		사원옥감 (주세걸)	남북조		슈가이쇼 (백과사전 동원공현) 1360		

세기	중국		일본		한국	
14-	명	구장산법 비류대전 (오경)	무로마치 시대		조선	
15-						칠정산내외편 (이순지)
						산학계몽복간 (김시진)
16-		산법통종 (정대위)		주인선 (해외무역선) 제도		묵사집산법 (경선징)
17-	청	증산산법통종 (매각성, 개정본)	에도 시대	할산서 (모오리 시게요시) 1622		구일집 (홍정하)
				진겁기 (요시다 미츠요시) 1627		구수략 (최석정)
18-				서산속지법 (후쿠라치 켄) 1857		산술관견, 익산 (이상혁)
						주해수용 (홍대용)
19-				양산용법 (야나가와 슌산) 1857	대한제국	수리,산술신서 (이상설)
						정선산학 (남순희)
20-	중화민국				일제 강점기	유일선, 최규동, 이춘호, 장기원
					대한민국	* [부록4] 참조

4. 한국의 주요 수학책(산서)

연대	시대			내용
B.C. 5 ~ A.D.	고조선			
1 - 2 - 3 - 4 - 5 - 6 - 7 -	고구려	백제	신라	(삼국사기) 태학설립 (산경십서) 682년(신문왕 2년) 국학에서 산학교육 일본에 역산 전파
8 -	통일신라			749년(경덕왕 8년) 누각박사(漏刻博士)와 천문박사 임명
9 - 10 -	발해			
11 - 12 - 13 - 14 -	고려			국자감 설립 산학계몽, 양휘산법 전래
15 - 16 - 17 - 18 -	조선			칠정산 내편, 외편 산학계몽(복간) 묵사집산법 구일집 구수략 산학입문 주해수용 차근방몽구, 산술관견, 사원옥감, 익산 구장술해 무이해 산학정의 산학습유 수학절요
19 -	대한제국			수리 간이사칙문제집(1895) 근이산술서(1895) 산술신서(1900) 정선산학 신정산술 수리학잡지(1905) 초등산학신편 중정 산학통편 대수학교과서 산술교과서 고등 산학신편
1911-1945	일제 강점기			(일본어 책)
20 -	대한민국			초등셈본 고등대수학 신수학 적분학 미분적분학

5. 한국 수학사 연표

나라	년도(년)	사건
고구려	1세기경	하늘의 별을 한눈에 볼 수 있도록 바위에 별자리를 새겼으며 이를 온 국민들이 볼 수 있도록 대동강변에 세워 두었다. (천문도인 천상열차분야지도 天象列次分野之圖)
	372년	불교의 전래가 있었고 같은 해에 국학제도인 태학(太學)설립
	373년	중국식 제도를 본뜬 율령반포
	114년	~554년까지 『삼국사기(三國史記)』에 11회의 일식 기사 있음
백제	기원전 13년	~592년까지 『삼국사기』에 26회의 일식 기사가 있음
	3세기	백제 고이왕 삼국 중 최초로 율령 반포
	553년	일본의 요청에 의하여 백제가 역서와 역의 천문학자(역박사)를 파견.
	701년	대보령(大寶令) 반포
	718년	양로령(養老令)이 반포되어 중국의 율령제도를 정식으로 수용
신라	490년	시장의 관리기관인 시전(市廛) 설치
	584년	공물·조세를 담당하는 조부(調部) 설립
	647년	신라 선덕여왕때 첨성대 건립(천문관측)
	651년	조세와 창고를 맡는 창부(倉部) 설립
통일신라	682년	당나라의 국자감을 본뜬 국학(國學) 설치
	718년	표준시간을 담당하는 기구인 누각전(漏刻典)을 독립된 기구로 설치
	749년	누각박사(漏刻博士)와 천문박사 등을 임명
	789년	~911년까지 『삼국사기』에 10회 이상의 일식 기사가 있음
고려	992년	당제(唐制)를 본뜬 이른바 국자감(國子監)이란 명칭으로 재정비
	996년	최초의 화폐 '건원중보' 제작
	1047 ~ 1082	기술학부인 율학(律學), 서학(書學), 산학(算學) 등을 갖춤
	1052년	독자적인 역법을 개발(십정력, 칠요력, 견행력 등)
	약1309(충선왕)	수시력(授時曆)이 시행

	1346년(충목왕 2)	강보(姜保)가 수시력에 관한 해설서인 『수시력첩법입성(授時曆捷法立成)』을 엮음
	1357년(공민왕 6)	일식기록
	1374년	최무선 화약제조법과 화약무기 개발
	우왕(禑王) 3년 (1377)	화통도감 설치 – 화약무기 제조
	1377년	『직지심체요절』 인쇄 – 세계 최고의 금속활자본(현존)
조선	1395년	항성의 경위도 측정, 중성(中星) 정함
	1395년	[천상열차분야지도](天象列次分野之圖) 제작
	1403년	주자소(鑄字所) 설치 – 국가 금속활자 인쇄소
	1406년	수학자 이순지(李純之, ~1465) 출생
	1420년	궁궐 안에 과학 기술 기관인 '집현전' 설치
	1422년	도량형 정비
	1426년	정척(鄭陟) [팔도도] 완성 – 실측지도 제작 시작
	1433년	세종의 천문역산 정비사업 본격 시작
	1433년	양휘산법(경주본)
	1433년	혼천의 제작
	1434년	갑인자 주조 – 청동활자 인쇄술 발전
	1434년	자격루 제작 – 국가 표준 물시계
	1437년	천문관측소인 간의대 건축
	1438년	장영실 등이 흠경각 건설. 잡과십학 교육과정 제정 (산학 포함)
	1441년	측우기 발명 – 세계 최초
	1442년	정흠지, 정초, 수학자 이순지 『칠정산내외편』 편찬
	1443년	문자의 발명 『훈민정음』
	1445년	이순지 『제가역상집(諸家曆象集)』 편찬
	1448년	『총통등록(銃筒謄錄)』 – 화포 주조와 화약 제조법 총정리
	1459년	『교식추보법(交蝕推步法)』 – 이순지와 김석제가 편찬, 간행한 천문서

1463년	정척, 양성지 [동국지도] 제작
1466년	서운관(書雲觀)을 관상감(觀象監)으로 개칭
1467년	측량기구 규형(窺衡) 발명 제작
1474년	『병기도설(兵器圖說)』 편찬 – 로켓형 화기 신기전을 처음 기록
1481년	『동국여지승람(東國輿地勝覽)』 – 종합 지리지
1525년	이순, 천문관측기구 목륜(目輪) 제작
1526년	천문관측기구 〈간의혼상(簡儀渾象)〉 제작
1592년	일본의 1차 침략, 이순신 거북선 제작
1597년	일본의 2차 침략
1616년	경선징(1616-1690) 출생
1627년	정묘호란
1637년	병자호란
1631년	정두원(鄭斗源) 서양 서적과 기구 처음 소개
1645년	소현세자, 독일인 신부 아담 샬(湯若望)로부터 천문·산학(算學)·천주교에 관한 서적 등을 받아 가지고 한성으로 돌아옴.
1646년	수학자 최석정(~1715) 출생
1654년	시헌력(時憲曆) 시행 – 서양 천문학 영향 받은 역법
1660년	전주부사 김시진 『산학계몽』 복간
1669년	이민철 수력식 혼천의, 송이영 자명종식 혼천의 제작
1684년	수학자 홍정하(洪正夏)(~?) 출생, 숙종·영조 때 구일집(九一集) 저술, 9권 3책
1695년	최석정 『구수략』 저술
1697년	김석문 [역학도해] – 지동설에 근거한 우주론을 최초로 제시
1731년	홍대용 출생(1731~1783년)
1740년	표준 도량형 제도 재정비 – 황종척, 주척, 영조척
1744년	역법과 시간측정 표준 정함
1754년	물시계 원리 해설서 '누주통의' 편찬

1759년	배상열 출생(1759~1789)
1770년	'동국여지도' 편찬, [증보문헌비고] '상위고' 편찬 – 천문역법 역사의 정리
1786년	홍길주 출생(~1841)
1789년	표준 절기시각과 주야시각 정비, 관상감 제도 정비
1789년	김영 적도경위의(赤道經緯儀), 신법지평일구(新法地平日晷) 제작
1791년	천문역산 활동의 대대적 정비
1794년	수원 화성 건설
1796년	[국조역상고](國朝曆象考) 편찬–정조 대 천문학 성과 정리
1798년	[칠정보법](七政步法) 편찬
1810년	이상혁 출생
1813년	[융원필비](戎垣必備) 편찬 – 화포와 화약 서적
1817년	남병철 출생(~1863)
1818년	[서운관지](書雲觀志) 편찬
1820년	남병길 출생(~1869)
1850년	박규수 북극고도 측정과 천문기구 제작
	남병길 [추보첩례(推步捷例)] 저술
1855년	수학자 이상혁, [산술관견] 간행
	남병길 [양도의도설] 간행
1859년	남병철 [의기집설](儀器輯說) 편찬
1860년	남병길 [시헌기요(時憲起要)] 간행, 안종화 출생(~1924)
1861년	김정호 『대동여지도』(大東輿地圖) 편찬
1867년	수학자 남병길, [산학정의(算學正義)] 간행
1870년	이상설 출생(~1917)
1879년	서당교육에 서양식 학교교육 체제가 추가됨
1883년	기기국(機器局) 설치 – 근대식 무기 제조, 근대학교 원산학사 설립

		현대식 사립학교인 원산학사 설립(서양식 수학을 처음으로 교과과정에 도입함)
	1894년	갑오경장 이후 신교육 실시, 성균관 교과과정에 수학과 과학이 필수 과목으로 포함됨
	1895년	관비유학생 일본으로 대규모 파견
	1895년	고종의 교육조서 공포, 성균관에 3년제 경학과 설치, 역사학, 수학 등 각종 강좌가 개설됨. 학부 근대 수학 교과서『간이사칙문제집』 및『근이산술서』편역 출판
	1896년	태양력 채택
대한제국	1899년	이상설『수리』발간 (1898~1899년 집필) 이전까지 산술에 의존하던 수학이 대수, 기하를 가르침
	1900년	저자가 확인된 최초의 수학 교과서:『산술신서』발간(7월) 이어서『정선산학』발간(8월)
	1901년	신정산술 발간을 비롯하여 많은 한글 수학교과서 발간이 시작됨.
	1905년	초등 산수 교과서인『심상초학』발행
		한국 최초 수학잡지 발간 –《수리학잡지》
	1907년	필하와(Eve Field)『(고등)산학신편』발간
	1910년	이해조의 [자유종] 최초의 아라비아숫자 표기일제
일제 강점기	1910년	한일병탄
	1915년	연희전문학교 수물과 설립
	1917년	연희전문학교 수물과 1회 입학, 강좌 개설
	1922년	안창남 모국방문 비행
	1938년	한국인 최초의 수학박사 배출: 장세운 (노스웨스턴 대학)
	1940년	석주명『A Synonymic List of Butterflies of Korea』출간
미군정	1945년	경성대학 이학부 수학과 개설(최초의 수학과)
	1946년	조선 수물학회 창립
대한민국	1949년	이임학, 미국 수학회에 논문 발표
	1952년	조선 수물학회가 대한 수학회로 갱신 발족

1953년	한국인 두번째 수학박사 이임학 (UBC, 캐나다)
1955년	대한수학회 저널 창간호《수학교육 1권(집), 1호, 1955》의 발굴
1956년	서울대 최초의 수학 박사 배출 : 최윤식
1959년	최초 여성수학 박사 배출 – 홍임식(도쿄대)
1960년	이임학 – Ree Group 발표
1964년	대한수학회《수학》창간호 간행
1981년	국제수학연맹(IMU) 가입
1987년	제1회 한국 수학 올림피아드 개최
1992년	과학위성 우리별1호 발사
1993년	IMU 국제 수학 등급 2로 상승
1996년	고등과학원: 수학과 물리학 분야의 교수와 연구원 6명으로 출발
1999년	한국 수학 학력 평가연구원(KME)설립, 제1회 한국수학학력평가 실사
2000년	제41회 국제수학올림피아드 주최
2004년	일본수학회와 학술교류협정
2005년	국가수리과학연구소(NIMS) 설치
2007년	IMU 4등급으로 상향
2012년	국제수학교육대회 ICME 12 개최 (서울), 기초과학연구원(IBS) 수리물리기하학 연구단 설립 국제수학올림피아드 (IMO) 1위
2013년	아시아수학자대회 AMC 개최 (부산)
2014년	국제수학자대회(ICM) 개최 (서울) ※ 예정

6. 조선 말기부터 해방 초까지 우리 근대 수학책과 그에 영향을 끼친 외국 수학책

발행연도	책 제목	지은이	발행처	원본소장처
1837	Elements of Algebra	드모르간		일본 도서관
1847	Arithemtical Books	드모르간		일본 도서관
1882	수학절요	안종화	조선 산학 마지막책	국립도서관
1886 ~ 1899	수리	이상설	친필−붓글씨	이문원 개인소장 국사편찬위원회
1892	산술교과서 (算術敎科書) 일본책 1권	寺尾壽編. - 20 版, 明治 25	敬業社	일본 도서관
	산술교과서 일본책 2권	寺尾壽編. - 20 版, 明治 25	敬業社	일본 도서관
	산술교과서 일본책 3권	寺尾壽編. - 20 版, 明治 25	敬業社	일본 도서관
1893	명치산술1-893-v1 일본책	新名重内	前川善兵衛, Osaka : Maekawa Zenbee	북해도대
	명치산술2-1893-v2 일본책	新名重内	前川善兵衛, Osaka : Maekawa Zenbee	북해도대
1895	간이사칙문제집	학부편집국 편	학부	국립중앙도서관
	근이산술서(상)	(대 조선국) 학부 편집국	학부 편집국	국립중앙도서관
	근이산술서(하)	(대 조선국) 학부 편집국	학부 편집국	국립중앙도서관
1896	간이사칙 (=간이사칙문제집)	현공렴−발행 겸 편술	일한도서 인쇄사	경상북도향토교육자 료관, 제주도교육박 물관에서 확보

1900	산술신서 상(1, 2권) 1판, 2판	보재 이상설 -학부의뢰	학부 편집국	국립중앙도서관
	정선산학(상)	남순희 -학부편집국 검정	탑인사	국사편찬위원회
1901	신정산술(1, 2, 3권)	이교승(양재건)	광문사(廣文社)	국립중앙도서관
1902	산술신편	FIELD 필하와		연세대학교 도서관 / 5층 국학자료실
	신찬 이과초보	오성근		마산 김영구
	Elementary ARITHMETIC	G.A. Wentworth (1835-1906) A.M	Ginn & Co., Boston	하버드대도서관
1905	FIRST BOOK IN ARITHMETIC	도산 안창호(安昌 浩 ; 1878~1938) 가계소장서적	캘리포니아 주(州) 교과서 위원회	독립기념관
1905	수리학잡지 (數理學雜誌)	유일선	정리사	1905년 11월 호 부터 1906년 까지 통권 8호
1905	산술서			마산 김영구
	산술보충교과서			제주교육박물관
	심상소학 산술서 5			제주교육박물관
	심상소학 산술서 6			제주교육박물관
1906	(학회기관지) 산술문답 제1-6호	유석태		
	(학회기관지) 논산학 제1-6호	이유정		
1907	초등 산학신편(국문)	Miller, 오천경(편 역) (Wentworth 의 Elementary Arithmetic) 초등학교 산수책	대한예수교 서회간인	독립기념관
	중등산술교과서(상)	현공렴	중앙서관	연세대학교 도서관
	중등산술교과서(하)	현공렴	중앙서관	연세대학교 도서관

	算術教科書	이원조	大同報社	이화여대 중앙도서관
	중등산술교과서 (상, 하)	玄公廉 發行		연세대학교 도서관 (※확인 중)
	중등산학(하)	이원조		연세대학교 도서관
	중정산학통편 산학신편(상, 하) 산학계몽	이명칠		독립기념관소장
1908	고등산학신편	필하와(Eva Field) 저, 신해영 술	대한야소교서회	국립중앙도서관
	대수학교과서	김준봉 저, 유일선 교열	정상환	연세대학교 도서관
	보통학교 산술교과서	홍병선(洪秉璇)		삼성출판박물관 (확인 중)
	최신산술	김하정		마산 김영구
	(新式) 算術教科書	이상익	大東書市	이화여대 중앙도서관
	(新撰) 算術通義 (上)	홍종욱	普文社	이화여대 중앙도서관
	신식산술교과서(전)	이상익 저, 안종화 서(序)	일한인쇄주식회사	Kobay 온라인 경매
	산술자해			경상북도향토교육 자료관
	중등교과 산술신서	이상설(현공렴)		마산 김영구
	초등근세산술(전)	이상익	휘문관 (徽文館)	연세대학교 도서관
	초등산술교과서(상)	유일선	정리사	연세대학교 도서관/ 독립기념관
	초등산술교과서(하)	유일선	정리사	
	최신산술상 하2권	김하정(金夏鼎)/ 오영근 교열	서울 일신사	한밭교육박물관
	중등용기서법	오영근(吳榮根)		연세대학교 도서관
	융희 신산술 상편	정운복	일한서방	연세대학교 도서관

	간이상업부기			
1909	산술교과서(상)	이교승 저, 이면우 공열	이면우 법률사무소	연세대학교 도서관
	산술교과서(하)	이교승 저, 이면우 공열	이면우 법률사무소	연세대학교 도서관
	(학부인가) 산술지남 상권 算術指南 上卷	유석태	발행기관: 휘문소	조흥금융박물관
	보통교과 산술서	홍수준		마산 김영구
	고등소학산술서			마산 김영구
	산술요해	이성화		마산 김영구
	근세대수/ 1권1책.인쇄본. 국한문혼용체.	이상익, 휘문의숙	휘문관	
	학부검정 – 산술교과서(하)	이교승–사립학교 고등교육 수학과 학(교)원용	휘문관	
	보통교과산술서	홍수준(?) 저, (제 1학년용, 제2학년 용)	박문서관	
	고등소학산술서	문부성	박문서관	경기도교육역사박물 관 – 교육사료실 (※ 확인중)
	근세대수		유일서관	연세대 / 고려대학교 도서관
	신찬초등소학(사)	이상익		마산 김영구
	산술서	학부편집국 편	학부	
	산술요해	이성화 저	광덕서관	
	평면기하학	이명구	광동서국, 중앙서관	서원대학교 박물관
	기호교육회잡지 – 신법산서 제3호	이근중		

1910	중정 대수학교과서	유일선	한성신창서림	연세대학교 도서관
	산술지남 하권 (算術指南)	유석태	휘문소	독립기념관
	(학부인가) 산술지남답해(상)	신규식(?)	發行處 不明	연세대학교 도서관
	산술지남 하권	신규식		마산 김영구
	(학부 인가) 산술지남 해설			
	고등 산학신편 3판	필하와 저. 신해 영 술(3차 출판)	대한아소교서회	국립중앙도서관
	산수과 자료단원 1			제주교육박물관
1911	신정교과 산학통편			마산 김영구
	산학통편			마산 김영구

7. QR코드와 웹주소(동영상 포함)

1
동아시아 과학 기술의
전통과 미래

2
일제 강점기 한국의
수학교육

3
일제 강점기 한국의
수학교육(영문)

4
한국 최초의 수리학 잡지

5
한국 최초의 수학 저널

6
이상설 『수리』

7
한국 근대 수학의
개척자들 전시

8
이상설

9
이임학

10
최석정

11
남병길

12
이상혁

참고자료 및 동영상 웹주소

1. 동아시아 과학 기술의 전통과 미래 http://matrix.skku.ac.kr/E-Asia

2. 일제 강점기 한국의 수학교육 http://matrix.skku.ac.kr/2008-Album/
   KJHM-sglee-070824.htm

3. 일제 강점기 한국의 수학교육(영문) http://matrix.skku.ac.kr/2010-Album/
   KJME-2009-LeeNohSong/KJME-2009-LeeNohSong.html

4. 한국 최초의 수리학잡지 http://matrix.skku.ac.kr/2010-Album/
   2010-1stMathJournal-KSHM-Final/2010-1stMathJournal-KSHM-Final.html

5. 한국 최초의 수학 저널 http://matrix.skku.ac.kr/2008-Album/KMS-ME-v2-1956.html

6. 이상설의 『수리』, http://matrix.skku.ac.kr/2009-Album/MathBook-SuRi_screen.html

7. 한국 근대 수학의 개척자들 전시 http://matrix.skku.ac.kr/
   2012-Album/2012-Ex-KoreanMath.html

8. 이상설 http://matrix.skku.ac.kr/2011-Album/2011-KoreanMath-SangSeolLEE.htm

9. 이임학 http://matrix.skku.ac.kr/2011-Album/ReeImHak-v1.htm

10. 최석정 http://matrix.skku.ac.kr/2011-Album/ChoiSukJung-v1.htm

11. 남병길 http://matrix.skku.ac.kr/2011-Album/NamByungGil-v1.htm

12. 이상혁 http://matrix.skku.ac.kr/2011-Album/2011-KoreanMath-SangHyukLEE.htm

13. 최초의 한국수학사 전문가 장기원(張起元) http://matrix.skku.ac.kr/
    2011-Album/KiWonChang-v1/KiWonChang-v1.html

주석

서문

1) Berlinghoff, Gouvea, 『Math through the Ages』, Oxton house Publishes and MAA, 2004

2) http://www-history.mcs.st-and.ac.uk/Biographies/Ruffini.html

1장 동양 수학과 서양 수학의 만남

1) 이종호 박사 발표 자료(http://blog.daum.net/cosmicchung/7185746)

2) 나카다 노리오 지음, 이상구 김호순 옮김, 『사회와 수학』: 400년의 파란만장, 경문북스

2장 동아시아 수학의 근대화

1) 유클리드의 『기하원본』을 이탈리아 선교사 마테오 리치(Matteo Ricci, 1552~1610)와 서광계(徐光啓, 1562~1633)가 번역했다.

2) 구만옥, 『한국실학연구』(http://ask.nate.com/knote/view.html?num=3049747)

3) 이상욱(2009), 「조선 산학의 용어 설명」, 수학사학회 발표 자료.

4) http://blog.naver.com/PostView.nhn?blogId=silk1597&logNo=106368738&redirect=Dlog&widgetTypeCall=true

5) http://modernculture.culturecontent.com/

6) 니덤 연구소(http://www.nri.org.uk/joseph.html)

7) Jean-Claude Martzloff, Stephen S. Wilson (trans.), 『A History of Chinese Mathematics』 (Berlin: Springer, 1997), pp. 3-87. pp. 179-216.

8) http://www.reportshop.co.kr/kstudy/248644

9) http://en.wikipedia.org/wiki/Alexander_Wylie_(missionary)

10) 이은주, 「실학기의 수학과 근대 수학의 도입」, 연세대학교교육대학원 석사학위논문, 2000

11) 吳文俊 主編, 『中國數學史大系 第八卷』, 北京師範大學出版社, 2000.

12) http://en.wikipedia.org/wiki/Li_Shanlan

13) http://www.archive.org/stream/cu31924000471577/cu31924000471577_djvu.txt

14) 세키 고와는 사무라이 가정에서 태어나 어린 나이에 상류 사무라이 집안인 세키 가문에 입양된다. 가정에서 사용되던 이름은 세키 다카카즈인데, 그가 쓴 책에는 세키 고와(Seki Kowa)라는 이름을 쓴다. 그래서 일반에게는 세키 다카카즈라는 이름이 아니라 세키 고와로 알려졌다.

15) http://www.worldcat.org/identities/lccn-nr2004-22449

16) http://www.jculture.co.kr/mil/japan_culture/history10.htm

17) 吳文俊 主編, 『中國數學史大系 第八卷』, 北京師範大學出版社, 2000.

18) E. Loomis, 福田半 譯解, 『代微積拾級譯解』, 1872.

19) 日本學士院編, 『明治前 日本數學史』, 岩波書店, 1960.

20) 上野清, 『普通教育 近世算術』, 1888.

21) 新名重內, 『純正 應用 理論 中等敎育 明治算術』, 1892.

3장 한국의 근대 수학교육

1) Watanabe, T. and Abe, F.(1986), 「Collection of Educational Policy for Japan's Colonies (Korea)」. 39 vols. Cheonggae 龍溪書舍 press, Tokyo.

2) Tsurumi, P.(1997), 『Japanese Colonial Education in Taiwan 1895~1945』. Harvard University Press, Cambridge, MA.

3) http://www.law.go.kr/LSW/MdLsListR.do

4) Yanaihara, T.,(1938), 「Problems of Japanese Administration in Korea, Pacific Affairs」, 11, No. 2, 198~207.

5) 이상구, 함윤미, 「한국 근대 고등수학 도입과 교과과정 연구」, 한국수학사학회지 22권 3호, pp.207-254. (2009년 8월)

이상구, 노지화, 송성렬, 「식민지 수학교육 정책과 19세기 말과 20세기 전반 한국 수학교육과정 연구」, 수학교육논문집 23권 4호, pp.1093-1130. (2009년 11월) (영문)

이상구, 양정모, 함윤미, 「근대계몽기 · 일제 강점기 수학교육과 해방이후 한국수학계」, 한국수학사학회지 19권 3호, pp.71-84. (2006년 8월)

6) 오채환, 이상구, 홍성사, 홍영희, 「19세기 조선의 수학 교과서」, 한국수학사학회지 23권 1호, pp. 1-24. (2010년 2월).

7) 성균관대학교(1998), 『성균관대학교 육백년사』, 성균관대학교 출판부.
이상구, 양정모, 함윤미(2006), 「근대 계몽기 일제강점기 수학교육과 해방이후 한국수학계」, 한국수학사학회지, 19(3), 71-84.

8) 김영우(1987). 「한국근대교원교육사 I –초등학교교원양성교육사」, 정민사, p.56.

9) 노인화(1989). 「대한제국 시기 관립학교 교육의 성격 연구」. 박사학위논문. 이화여대, p.50-51.

10) 박한식(1967), 「한국수학의 변천고찰」, 《수학교육》, 6호, 1권 6-19.

11) Rim, H.-Y.(1952). 「Development of Higher Education in Korea during the Japanese Occupation」(1910-1945). EdD diss., Columbia University.

12) 임경순, 연희전문 수물과(http://www.kps.or.kr/~pht/11-11/021156.htm)

13) http://www.kps.or.kr/~pht/11-11/021156.htm

14) 김종철(2001), 「경성帝大 물리학과 경성대학, 서울대학으로 변천을 회고함」, 〈한국과학사학회지〉제 23권 2호; 하두봉(1999), 〈서울대학교 자연과학대학 초기 略史: 1920-1953〉 등을 참조한다. 여기에는 역학연습 제2, 물리학연습이 더 언급되어 있다. 문만용, 김영식(2004), 『한국 근대 과학 형성과정 자료』, 서울대학교 한국학 연구총서 2, 서울대학교 출판부.

15) 국사편찬위원회(2005), 『한국 근·현대 과학기술사의 전개』, 한국사론 42권,

16) 문만용, 김영식(2004), 『한국 근대 과학 형성과정 자료』, 서울대학교 한국학 연구총서 2, 서울대학교 출판부.

17) 계승혁(2008)(http://www.math.snu.ac.kr/~kye/others/basic/)

18) 경성대 (수학과 1기는 없고) 수학과 2기로, 1946년 1학년으로 입학한 윤갑병 교수는 3년 과정을 마치고 49년 졸업하여 1949년부터 서울대 문리대 수학과에서 강의를 시작했다. 1946년 1947년에는 수학과 4학년이 없었다.

19) 신효숙(2003), 『소련군정기 북한의 교육』, 교육과학사.

20) 대한수학회(1998), 〈대한수학회사〉제1권, 성지출판, 211쪽, 한남대 이수만 교수 회고.

1) 1870년 음력 12월 7일(양력 환산시 1871년 1월 27일생)~1917년 양력 3월 2일

2) 김병기, 신정일, 이덕일(2006), 『한국사의 천재들』, 168-171, 생각의나무.

3) 송상도가 대한제국 말기부터 광복까지 애국지사들의 사적을 기록한 책이다.

4) 윤병석(1982), 「이상설 연구」, 숭전대학교 대학원 석사학위논문

5) 김병기, 신정일, 이덕일(2006), 『한국사의 천재들』, 168-171, 생각의나무.

6) 베델(1872-1909)은 영국인으로, 러일전쟁 때 《런던데일리뉴스》의 특파원으로
한국에 들어왔다가 1905년 양기택과 함께 《대한매일신보》와 《코리아데일리뉴스》를
창간했다. 항일 논조의 언론인으로서 통감부의 배척과 추방에도 굴하지 않고 고종의
항일친서를 《런던트리뷴》에 게재하기도 했다. 『이상설전(증보판)』 윤병석 지음,
17쪽 인용 (일조각, 1894년 10월)

7) 《대한매일신보》 광무 9년(1905년) 11월 24일 '찬 이참찬 기사'

8) 『주학입격안』 참조

9) 윤병석(1982), 「이상설 연구」, 숭전대학교 대학원 석사학위논문.

10) 송상도의 〈기려수필〉 (국사편찬위원회. 1950년).

11) 『이상설전』(증보판) 윤병석 지음, 19쪽 (일조각, 1998).

12) 나일성, 『서양 과학의 도입과 연희전문학교』, 32쪽, 연세대학교 출판부, 2004.

13) 제6대 독립기념관 관장(2001-2004)으로 현 수당기념관장.

14) 한국인역대인물 종합검색(http://people.aks.ac.kr/index.jsp)

15) 세자의 선생님으로, 조선 시대 정식 관직 명칭은 세자시강원(世子侍講院)이다.

16) 1890년 홍종우는 일본에서 지낸 지 2년 만에 프랑스로 유학을 간다. 이때
홍종우의 나이는 38세였다. 1893년 홍종우는 프랑스 체류를 마감하고 그해 7월
일본으로 갔다. 그리고 1884년 갑신정변을 일으킨 김옥균(1851년 알성시 장원급제)을
상하이에서 권총으로 암살하고 귀국했다. 이에 따라 홍종우는 파격적인 대우를 받으며
'종우과(鍾宇科)'라는 특별 전시(殿試)에 응시할 자격이 주어졌고, 그 결과 1894년
마지막 과거에 병과(丙科)로 급제해 초임 관리로서는 파격적으로 홍문관 교리가 되었다.

17) 이승만은 1894년 당시 20세로 이 마지막 과거에 낙방한 뒤 배재학당에 입학했으며,
미국으로 유학을 가서 한국인 최초로 박사학위를 취득하였다. 당시 19세였던 김구도

낙방의 고배를 마시고 동학에 투신, 1896년 해주성 공략의 선봉에 섰다.

18) 이승희의『한계유고』(국사편찬위원회, 1980년),『이상설전』(증보판) 윤병석 지음, 18쪽 재인용-(일조각, 1998)

19) 월남 이상재는 1887년 미국공사관 2등 서기관으로 1년여 동안 워싱턴 D.C.에서 근무했다. 이승만의 정치적 스승 중 한 사람이었다.

20) 대한제국 육군 장교 출신으로 한말 애국계몽운동과 의병운동을 이끌었고, 1919년 대한민국임시정부의 국무총리를 역임했다.

21) 이완용, 이근택, 이지용, 박제순, 권중현

22) 김병기, 신정일, 이덕일(2006),『한국사의 천재들』, 168-171, 생각의나무.

23) 최근 연변조선족 문화발전추진회 편찬의《문화산맥》제4집을 통하여 연변 최초의 근대학교는 1904년에 훈춘현 옥천동(오늘의 훈춘시 경신진벌 등 일대)에 기독교 선교사가 세운 동광학교 또는 1904년에 설립된 연길시 북산 소학교도 있다고 보고되었다.

24) 서중석(2003),『신흥무관학교와 망명자들』, 역사비평사.

25) 강준만(2007),『한국근대사 산책』, 개화기편, 1-10권, 인물과 사상사.

26) 국가보훈처(1987),《대한민국 독립유공자 공훈록》제1권 .

27) http://www.kla815.or.kr

28) 박성래(2004),「독립운동가 이상설, 한국 근대 수학교육의 아버지」, 주간동아447호, 71.

29) 강준만(2007),『한국근대사 산책』, 개화기편, 1-10권, 인물과 사상사.

30) 같은 책

31) 정지호, 심희보(1987),「개화기의 한국수학교육」, 한국수학사학회지, 4(1), 9-23.

32) 박영민, 김채식, 이상구, 이재화, 수학자 이상설이 소개한 근대자연과학:〈植物學〉, 한국수학교육학회지 시리즈 E〈수학교육 논문집〉제25집 제2호, 2011. 5. 41-360. http://kiss.kstudy.com/search/contents_index.asp?i_key=5011&p_key=26735&v_key=25&n_key=2

33)『수학절요』의 저자 안종화(安鍾和)가 서문을 썼다.

34) 이완용은 1882년 과거에 붙고, 1887년 육영공원 좌원학생으로 선발되어 교육을 받은 후 1887년 10월 2일 주미공사 박정양을 보좌하여 워싱턴 주재 참찬관으로

파견된다. 의료선교사 알렌이 워싱턴 안내를 한다. 그는 1895년 5월 38세의 나이에 학부대신으로 등용되어, 1895년의 근대교육개혁을 주도한다.

35) http://www.dongponews.net/news/articleView.html?idxno=22644

36) 《대한매일신보》 1907년 3월 12일자 잡보

37) 헐버트와 이승만은 1896년 이래 배재학당 및 YMCA의 사제지간으로 교분을 나누었다.

38) http://www.youtube.com/watch?v=BBcUBNruqhs

39) 해방 직후 경성대학 초대 이사장과 국립 서울대학의 초대 총장(경성대학부터는 4대)이 된 청년 최규동은 유일선의 체계적인 근대 수학을 정리사 학원을 통하여 습득하였다. 배재학당 보통과와 홍화학교 양지과를 졸업한 주시경과 한성외국어학교 한어과를 졸업한 장지영 등이 정리사에서 3년간 수학과 과학을 배우고 각각 1910년과 1911년에 졸업했다.

40) 전봉관. 〈전봉관의 옛날 잡지를 보러가다 30〉 최옥희·유영혜·김상한의 「사랑과 전쟁 – 부잣집 방탕아와 기생, 그 질긴 연정이 부른 비극」, 〈신동아〉, 2007년 12월 1일 작성, pp. 590~606. 2007년 12월 12일 확인.(http://blog.joinsmsn.com/media/index.asp?page=3&uid=cjh59&folder=27&page_size=5&viewType=1)

41) 친일반민족행위진상규명위원회, 〈2006년도 조사보고서 II〉, 869~880쪽

42) 1896년 서울에 설립되었던 근대교육기관. 민영기(閔泳綺)가 외국어, 특히 일본어·영어 및 한문을 가르치기 위하여 설립하였으며 위치는 종로구 중학동이었다. 개화된 선진제국의 문물과 기술을 습득하여 부국강병을 위한 인재양성에 힘썼으며, 특권계급의 자제를 대상으로 하였으며 1906년 폐교되었다.

43) 양일동(1912년 12월 30일-1980년 4월 1일)은 한국의 독립운동가이자 정치인이다.

44) 학교법인 중동학원(2003), 『중동백년사』, 지코사이언스. 안호상 박사는 최규동의 중동학교 제자이다.

45) 나일성 편저(2004), 『서양과학의 도입과 연희전문학교』, 112-119, 연세대학교 출판부, (숭실대학 1909 교과과정).

46) 1915년에 최초로 수물과가 설립된 연희전문학교는 일제가 세운 경성공전이나 경성광전, 대동공전과 교육환경에서 차이를 보인다. 연희전문은 사립으로

재학생이 거의 한국 사람이라는 점과 베커, 밀러, 언더우드 등 미국인 교사들에 의해 미국식 교수법이 채택되었다는 점이다. 그러나 1923년 3월에 조선총독부가 「개정조선교육령」을 공포하면서 연희전문은 문과, 신과, 상과만 두고 수물과를 비롯한 나머지 학과가 폐쇄되고 말았다. 그러나 베커의 노력으로 학칙을 개정하고 1924년 4월에 수물과는 다시 학생을 모집하게 된다. (이상구·양정모·함윤미, 2007).

47) 임경순, 『연희전문학교 수물학과 역사』

48) http://www.genealogy.ams.org/id.php?id=42913, 1924년 「Determination of a Motion of a Certain Constrained Bar」이란 제목으로 시카고대학 수학과에서 64쪽 짜리 논문(석사학위논문)을 썼음.

49) http://blog.naver.com/PostView.nhn?blogId=herawook&logNo=10137905899

50) http://blog.chosun.com/blog.log.view.screen?logId=6717930&userId=gwondaegam

51) 미국 오하이오주립대에서 수학으로 이학석사 학위를 받고 귀국한 이춘호가 1925년 조선인으로는 처음으로 연희전문에서 수학강의를 담당하였다. 특히 연희전문의 경우 비록 대학 수학과는 아니더라도 전문학교 수물과라는 이름 아래 1924년에 신영묵, 1925년에 장기원, 1940년에 박정기(朴鼎基) 등의 수학자를 배출하였다.

52) 1947년 최규동이 초대 총장으로 취임한 종합대학 국립 서울대학교가 되기 전의 서울대학.

53) http://matrix.skku.ac.kr/2008-Album/KMS-ME-v2-1956.html

54) 1924년 위탁생으로 일본에 간 신영묵은 교토대학에서 1927년 수학으로 이학사 학위를 취득하였다.

55) 나일성, 『서양 과학의 도입과 연희전문학교』, 연세대학교 출판부, 2004.

56) 혹자는 이 해를 1939년이라고 보기도 한다. (나일성, 같은 책 294쪽)

57) 《연희동문회보》, 제17호, 7쪽, 1940년

58) Ki-Won Chang, 「On the Chromatic Numbers, The 80th Anniversary Thesis Collections」, Natural Sciences, Yonsei Nonchong (1965), 275-286.

59) www10.plala.or.jp/h-nkzw/3e04j27.pdf

60) http://books.google.co.kr/books?id=GDDlRDnSM6cC&printsec=frontcover&hl=ko#v=onepage&q&f=false

61) http://ci.nii.ac.jp/naid/110007702501

62) 김도한, 「이임학 선생님과의 만남」,《대한수학회 소식지》, 100호, 2005년 3월. 7-10쪽.

63) 이정림, 「나의 스승 고 이임학 선생님을 추모하며」,《대한수학회 소식지》, 100호, 2005년 3월. 11-13쪽.

64) 장범식, 「고 이임학 교수의 업적」,《대한수학회 소식지》, 100호, 2005년 3월. 14-15쪽.

65) 이정림, 「나의 스승 고 이임학 선생님을 추모하며」,《대한수학회 소식지》, 100호, 2005년 3월. 11-13쪽.

5장 동아시아 근대 수학의 개척자

1) http://zh.wikipedia.org/wiki/%E5%BA%9A%E5%AD%90%E8%B5%94%E6%AC%

2) http://www.nim.nankai.edu.cn/nim_e/index.htm

3) http://news.xinhuanet.com/photo/2004-11/02/content_2170516.htm

4) http://www.ams.org/notices/201109/index.html

5) http://en.wikipedia.org/wiki/Kikuchi_Dairoku

6) 상관 계수에 기여한 업적으로 잘 알려졌다.

7) 이오안 제임스, 노태복 옮김, 『현대수학사 60장면』, 살림, 2008, 양재현, 『20세기 수학자들과의 만남』(타카기 테이지 편), 경문사, 2004

8) 다른 두 명의 제자는 히로시 우에하라(Hiroshi Uehara)와 시게카츠 구로다(Sigekatu Kuroda)이다.

9) 두 번째 일본인 필즈상 수상자 히로나카 헤이스케는 미국에서 학위를 받았다.

10) http://www-history.mcs.st-and.ac.uk/Countries/index.html

11) 한국의 경우 이임학 선생이 MacTutor History에 수록된(2011년) 현재까지는 유일한 수학자이다.

6장 동아시아의 필즈상과 가우스상 수상자

1) 명효철 교수의 필즈메달 소개 (무엇이 현대 수학의 역사를 만드는가?)

2) 이토교수는 경성대 수학과 최초의 수학교수로, 국대안 파동으로 자진하여 북한으로가 김일성대학 교수가 된 김지정 교수와 도쿄대 대학원에서 같이 공부한 인연이 있어 한국인 수학자를 만나면 김지정 교수의 안부를 묻곤 하였다.

한국 근대 수학의 개척자들

1판 1쇄 인쇄 2013년 5월 3일
1판 2쇄 발행 2013년 7월 12일

지은이 이상구
펴낸이 김준영
출판부장 박광민
편집 신철호 현상철 구남희
디자인 이민영
마케팅 유인근 박정수
관리 조승현 김지현

펴낸곳 사람의무늬
110-745 서울특별시 종로구 성균관로 25-2
등록 1975년 5월 21일 제1975-9호
전화 02)760-1252~4
팩스 02)762-7452
http://press.skku.edu

ISBN 978-89-7986-984-2 (03410)